U0604840

电力系统
异步运行实践

云南电网有限责任公司　组编

李文云　高孟平　主编

中国电力出版社

CHINA ELECTRIC POWER PRESS

内 容 提 要

本书紧扣"电力系统异步联网运行"主题,从电力系统的发展演变出发,介绍了电力系统异步互联结构形态,分析了电力系统异步运行的特征,系统地阐述了电力系统异步运行安全稳定控制技术和数字仿真技术,并结合实践经验总结了电力系统异步运行的典型案例,对新型电力系统异步运行的发展趋势和构建进行了展望。

本书可供从事电力系统规划、设计、运行、维护等专业的管理及技术人员使用。

图书在版编目(CIP)数据

电力系统异步运行实践 / 云南电网有限责任公司组编;李文云,高孟平主编 . —北京:中国电力出版社,2024.6

ISBN 978-7-5198-8555-7

Ⅰ.①电… Ⅱ.①云… ②李… ③高… Ⅲ.①电网—电力系统运行 Ⅳ.① TM727

中国国家版本馆 CIP 数据核字(2024)第 015351 号

出版发行:中国电力出版社

地　　址:北京市东城区北京站西街 19 号(邮政编码 100005)

网　　址:http://www.cepp.sgcc.com.cn

责任编辑:罗　艳　高　芬

责任校对:黄　蓓　王海南

装帧设计:张俊霞

责任印制:石　雷

印　　刷:三河市航远印刷有限公司

版　　次:2024 年 6 月第一版

印　　次:2024 年 6 月北京第一次印刷

开　　本:710 毫米 ×1000 毫米　16 开本

印　　张:13.5

字　　数:227 千字

印　　数:0001—1500 册

定　　价:85.00 元

编 写 组

主　　编　李文云　高孟平

副 主 编　翟苏巍　黄　伟　梁峻恺　高杉雪　朱益华

编写人员　马　骞　黄立滨　付　超　张　野　谢一工

　　　　　李本瑜　吴　琛　李玲芳　张　丹　邓卓明

　　　　　陈钦磊　郑　超　莫　熙　张　杰　张　斌

　　　　　王栋栋　罗　超　刘宇嫣　余佳微　李成翔

　　　　　江舟煌

序

    中国南方电网在改革开放以来快速发展，系统规模庞大，技术先进，构建了世界上最为复杂的交直流并联运行系统。云南电网作为南方西电东送的龙头，既要保证省网安全稳定运行，又要保证西电东送大通道的畅通，承担了重要的安全责任。随着系统规模越来越大，运行方式越来越复杂，为了保证电力系统安全稳定运行，经过反复研究论证，决定云南电网与南方电网主网通过直流隔离。2016 年 6 月 30 日下午 6 时，随着鲁西背靠背直流异步联网工程正式投运，云南电网与南方电网主网 22 年的联网方式正式转为异步联网，成为国内首个实现异步联网运行的省级电网。

    异步联网相较于交直流并联运行以及传统交流电网，结构形态和运行特性发生了里程碑式的改变，相互之间不再强耦合关联，在提升电力系统稳定性的同时也面临诸多挑战。云南电网公司为异步联网运行技术进行了研究探索，积累了大量的实践经验，发现和解决了许多新问题。现在，他们将研究成果和运行经验汇集成书。在编写过程中，结合电网规划建设工程实践、专题研究报告以及实际电力系统运行方案等，总结了异步互联系统的特性、运行中出现的新问题及其应对举措，提出了电力系统异步运行的核心逻辑、关键技术和实现路径，具有较高的理论价值和实践意义，可以为异步联网的电力系统规划建设及运行调控提供参考。

本书是对电力系统异步运行工作成效的总结，是云南电网科技人员为电力系统技术发展做出的贡献，对于建设新型电力系统有重要意义。

中国工程院院士

中国南方电网公司专家委员会名誉主任委员

2024 年 5 月 29 日

前　　言

省级电网异步联网运行是我国电力系统发展的一种必然趋势。随着交流同步电网的逐步发展，电网覆盖面积、发电装机规模、用电负荷复杂性、电源种类及数量等逐渐增大，异步联网运行有利于提高电力系统的稳定性和电力设备的安全性，可防止电网事故的扩大，降低次生灾害的风险，从而增强大电网的可控性。但就目前来看，电力系统异步运行技术尚在发展之中，谐波超标、宽频振荡等新问题严重威胁着异步互联电网的安全稳定运行。

在此背景下，电力行业急需对电力系统异步运行未来发展的指导思想和路径进行系统性、全面性、权威性的研究。为此，云南电网公司组织电力系统异步运行领域的专家编写了本书，聚焦"电力系统异步联网运行"，以阐述异步电力系统运行相关技术理论，分析相关实践经验为宗旨，充分展示电力行业关于电力系统异步联网运行技术与实践研究的最新成果和前沿进展，梳理出电力系统异步联网运行的核心逻辑、关键技术和实现路径，在理论全面的基础上，注重教材的实用性，为电力系统异步联网运行从业者提供可参考的技术架构与实践经验。

本书内容全面，逻辑清晰，对电力系统异步联网运行技术理论与实践应用进行了专业性、系统性的解析、研究和探索。全书共8章，第1章介绍电力系统异步运行的背景与现状；第2章详述了电力系统异步联网的历史演变过程；第3章介绍电力系统异步联网的结构形态；第4章从频率稳定性、电压稳定性、直流控制特性等方面分析了电力系统异步运行的稳定性特征；第5章从电力系统三道防线的角度阐述了电力系统异步联网运行安全稳定控制技术；第6章结合实践介绍了电力系统异步联网运行数字仿真技术；第7章以云南电网为主要案例，介绍电力系统异步联网运行的实践经验，提供典型经验的指导借鉴；第8章结合当前建设新型电力系统的要求，对未来含高比例新能源的异步互联电网进行了展望。

编写工作启动以后，编写组进行了多方调研，广泛收集相关资料，并在此基础上进行了专业的提炼和总结，以期所写内容能够使读者对电力系统异步运行有全面、系统的了解，为电力系统异步运行未来的规划与建设提供技术支撑和理论支持。但电力系统异步联网运行是系统、长期工程，关键理论的研究在不断发展，技术体系的搭建也在不断完善，书中难免存在论述不够充分的地方，恳请读者理解，并欢迎广大读者指出并反馈意见。

编　者
2023 年 12 月

目　　录

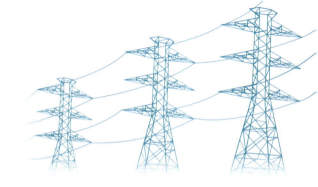

第**1**章

概述

　　随着交流同步大电网的发展，电力系统的装机规模不断扩大，网架结构日趋复杂，发电类型与负荷越来越多样，出现了交直流混合运行的电网结构，电网的扩张增加了区域故障造成电网大面积停电的风险，给电网主网的安全稳定运行带来极大的威胁。

　　为应对潜在威胁，电力系统异步联网作为电力系统互联的一种新形态，逐渐受到人们关注。异步联网运行是指将电网分成不同的交流网，交流网之间通过直流系统来联系的运行方式。其主要特点是各个交流电网之间无直接的交流联系，各个交流电网之间运行不同步。

　　异步联网运行有利于提高主网架的供电可靠性，防止电网事故的扩大，降低次生灾害的风险。但是异步联网运行也带来一系列问题。异步联网使一个同步大电网转变为各个小同步电网，对于每个小电网而言，电网结构发生了重大变化，系统同步规模明显下降，系统短路容量变小，同步装机容量大大变小，转动惯量降低，缺少原先大电网的支撑，运行特性发生显著改变。

　　随着电网规模的扩大，为限制短路电流，保证电网稳定和电力的安全可靠供应，除局部送端电网与大受端电网异步联网外，大受端电网可能也需要进一步优化分区，实现异步互联运行。异步联网已经成为未来电网发展的重要方向之一，尤其在构建新型电力系统的背景下，大规模新能源发电与电力电子装备在电力系统中应用，使得异步联网的问题更加突出。

　　本书是有关电力系统开展异步连接后，电力系统在优质可靠、安全稳定运行方面的书。由于电力系统的装机规模越来越大，系统覆盖的面积越来越广，同时，发电电源和用电负荷的类型也越来越多，电力系统的运行变得十分复杂，各类问题不断出现，直接影响甚至威胁到电力系统的安全、稳定、优质、可靠运行。本书针对交流同步大电网运行问题，分析了异步电力系统的运行特征，首先根据目前大电网的现状与问题，详述了电力系统异步联网的历史演变过程，介绍各类异步联网的形态，分别从稳态与动态的角度分析异步互联系统的特性，以云南电网为主要案例，介绍电力系统异步联网运行的实践经验，最后结合当前建设新型电力系统的要求，对未来含高比例新能源的异步互联电网进行展望。

第**2**章

电力系统的发展演变

2.1 电力系统发展历史

1. 电力系统发展初期

自第一个完整的电力系统建成开始，一百多年来，随着电力技术的发展和电能的广泛需求，电力系统的规模越来越大，已逐步发展成为现代电力系统。人们对电能的认识和应用始于直流电，电力系统最初也以直流电流的形式传输电能。但是随着工业发展的需要，用电量开始快速增加，直流电力系统的弊端随之暴露——直流电难以进行变压，高压直流难以获得，输电损耗严重。由此直流电力系统的发展陷入停滞。

2. 交流电力系统的形成

受交流发电机以及变压器发明的推动，交流电力系统迅速发展。1888 年，通过伦敦泰晤士河畔的大型交流电站输电，将 10000V 的交流电输送至 10km 外的市区变电站，并经过各区的降压至 100V 为用户照明，成为人类第一个大型交流输电系统，此事实也证明了交流电力系统的优越性。

3. 我国电力系统互联的发展历程

我国电力系统发展历程大致可划分为四个阶段：

（1）第一阶段是 1882—1949 年，依托个别发电厂形成的零星电力系统。1882 年在中国上海乍浦路创建了中国第一个发电厂，并成立了中国第一家电力公司，这标志着中国电力行业的开端。1907 年，中国大陆第一座水电站——石龙坝水电站在云南开工，并于 1912 年建成，初期装机容量为 2×240kW。

（2）第二阶段是 1949—1978 年，以省市为主体的高压电力系统。这一阶段电力建设蓬勃发展,特别是改革开放以来,我国电力工业得到了迅猛发展,各省区电网逐步成形,电力系统开始朝着大机组、大电网、超高压方向迈进。

(3)第三阶段是1978—2020年,省级电网互联加速,并进一步发展成以区域为主体的超/特高压互联的电力系统。截至1985年,全国已形成了六大跨省区的区域电网。1989年,中国第一条±500kV直流输电线路(葛洲坝—上海,1080km)建成投入运行,实现华中电网与华东电网互联,形成中国第一个跨大区的联合电力系统。2011年,中国实现国内区域大电网的互联互通。2016年,南方电网规划实施了云南电网与南方电网主网异步互联工程,切断了云南电网和南方电网主网之间的同步联系。全国形成以东北、华北、西北、华东、华中(东四省、川渝藏)、南方六大区域电网为主体,区域间异步互联的电网格局。

(4)第四阶段是从2020年至今,新能源占比逐步提高的新型电力系统涌现,其影响巨大且深远,电力系统互联面临新的机遇和挑战。

2.2 现代电力系统的特点及面临问题

1. 大电网的形成

20世纪中期至20世纪末,城市(地区)孤立的电网通过互联逐步形成大电网。在北美,大规模水电开发推动了大电网的发展,由于电力需求的快速增长,电压等级的提升,形成了北美互联电网。在欧洲,1958年形成三大电网,之后逐步形成西欧联合电网;1996年,西欧电网进一步与欧洲中部电网实现同步互联。目前已实现不断推进向东与东欧国家电网互联、向南与地中海沿岸国家电网互联。在俄罗斯,俄罗斯电网是苏联统一电力系统中的主体,1956年,各联合电力系统同步互联起步,到1978年,基本形成苏联同步电网。目前俄罗斯一直保持全国联网同步运行状态;此外俄罗斯电网与东欧、中亚、波罗的海国家的电网保持同步联接运行,是世界上覆盖面积最大的同步电网。世界上大多数国家和区域的同步电网都是由较小规模到较大规模、由较低电压等级向更高一级电压等级升级、范围不断扩大的。

我国电网的发展历程与国际上主要国家和地区相似,1999年以前,我国电网仍是各区域电网互不相连状态,各自运行;此后陆续完成东北电网与华北电网、华中电网与西北电网等的互联互通,乃至完成海南岛与大陆的联网、大陆向港澳的供电。

2．现代电力系统特点与特性

现代电力系统由发电、输电、变电、配电和用电系统构成。发电厂发出电力，经过升压，再通过一个复杂的输电网络，将电能送到负荷中心，然后降压通过配用电网络输送至用户，电能是一个单向的传输过程，电能不能大规模的存储，因此发电和用电在同一时间完成，形成一个动态的平衡。

（1）电力系统主要由发电系统、输变电系统、配用电系统和各种控制系统组成，各系统的主要特征如下：

1）发电系统：常规的发电系统通常由锅炉／水工设备、水轮机／汽轮机等原动机、发电机设备组成。随着新型电力系统的构建，能源形式正在由传统火力发电向水电、核电、风电、光伏等能源形式转变。

2）输变电系统：分散在各地的电源端发电经升压后，汇集到各电压等级的输电网络中，通过远距离输送到负荷中心，经降压后进入配用电系统。

3）配用电系统：根据用电需求进行逐级降压，将电能传输到用户。

4）多电压等级分层分区网络架构：存在由 ±500、±800kV 等电压等级线路构成的直流输电网络，以及由 10、35、110、220、330、500、1000kV 等电压等级线路构成的交流电力网络。各层级之间通过变压器的电磁场形成强耦合，为避免电网形成复杂电磁环网且降低短路电流，又采取了网络分区的措施，使各分区之间仅在较高电压等级互联，由此形成了多电压等级分层分区网络架构。

5）多目标多功能多类型控制系统：由设备级、场站级、区域级、系统级等控制系统组成，依据对应的控制目标和策略，来维持电力系统的安全、可靠、优质、经济运行。

（2）电力系统由多种类型的交／直流发电和用户，以及交／直流混合的复杂网络构成，其特性：

1）交流同步发电：属于电压源型发电设备，能够为电力系统提供有源的无功—电压和有功—频率支撑。

2）新能源发电：属于电流源型发电设备，通过跟网型逆变器接入到系统，依赖系统提供的电压、频率来支撑发电。

3）三相交流同步系统：电力系统是通过三相频率为 50/60Hz 的交流正弦波来维持系统各机组之间的同步运行，三相之间相位差为 120°。

4）发电机发出的电力远距离输送到电力用户：负荷中心一般远离发电端，因此需要远距离输送电能，输送过程中存在电能损耗、压降，以及电网安全稳定等问题。

5）发电和用电同时完成：电网不能大量存储电能，因此需要发电和用电同时完成。随着储能技术在电网中的推广应用，系统逐渐具备储存少量的电能的能力。

3. 交流同步大电网面临的问题

交流同步大电网的安全稳定问题突出，与交流同步小电网相比，其大面积停电风险加大。

（1）同步性变差：送端与受端的电气距离越来越长，两端功角差增大，弱阻尼，抗扰动能力减弱。

（2）功角稳定性问题突出，交直流相互影响严重。

（3）短路电流大范围超标。

（4）跨区域技术管理差异问题，国与国之间交流系统技术标准不统一，只能采取直流互联方式隔离。

4. 构建新型电力系统中的新变化

大规模风光新能源接入背景下，电力系统终将以新能源为供给主体：

"双碳"目标下，我国将大力发展新能源，构建新能源占比逐步提高的新型电力系统。新能源出力由风光自然条件决定，具有随机性、波动性、间歇性特点，导致系统大范围和长周期电力电量平衡难度显著加大，对发电充裕度和调节资源提出更高要求。新能源弱惯量、弱电压支撑：运行稳定风险增加。

（1）"双高"（高比例新能源、高比例电力电子）特征明显。"双高"分区电网中不确定性、强随机性的新能源占比越来越高，电力系统的发电、输电、变电、配电和用电各个领域，广泛采用电力电子设备和技术，未来电力电子设备占比仍将大幅提升。受变流器容量和跟网控制方式影响，且新能源具有呈弱惯量、弱电压支撑等特点，系统频率和电压调节能力降低，系统动态特性和稳定机理产生变化。系统控制需协同海量的换流器/分布式发电/可控负荷集群，系统稳定特性将由传统的机电过程向机电过程与电力电子设备控制特性的耦合协同转变，大型同步电网控制将面临稳定机理复杂化、潮流分布随机化、控制对象激增等挑战，电网安全稳定运行风险增大。

（2）系统控制规模庞大。交互特性增强、故障演化过程复杂、新能源单体容量小、数量庞大、控制策略多样化，装备间交互作用增强，导致系统控制对象激增，控制系统和故障演化过程愈加复杂。

（3）源网荷侧储能接入。在新型电力系统建设过程中，源网荷侧均有大量储能接入。储能在协调新能源发电出力、解决供需平衡问题、提供辅助服务、削峰平谷等多方面发挥作用，但是储能的科学合理规划、调度与运营等还有待技术的突破和相关制度机制的完善。

2.3　异步联网技术的提出与现状

2.3.1　"异步分区、柔性互联"的提出

"异步分区、柔性互联"就是采用柔性直流输电技术，将复杂交流大电网分区解耦、简化控制，以隔离电网扰动和故障，降低大面积停电风险，构建大电网"防火墙"；同时，发挥柔性直流输电技术快速响应和四象限灵活运行的优势，实现新能源跨省区协同消纳和灵活资源跨分区高效互济，提升分区电网安全稳定水平和整个大电网经济运行水平。其中"柔性互联"是异步联网的关键，也是最大的创新点，以实现柔性直流主动支撑和多分区灵活支援为核心，既保留大电网规模效益，又提升大电网安全稳定水平，给未来电力系统发展带来根本性转变，使其真正成为新型电力系统。

"异步分区、柔性互联"具备以下优点：分区解耦、简化控制，化解大电网结构性风险；化解短路电流超标、交直流影响严重、大停电风险防范能力不足等大电网结构性安全风险。

2.3.2　异步联网的国内外现状

1. 国内现状

我国电力系统已初步形成"异步分区"格局，已形成东北、华北、西北、华东、华中（东四省、川渝藏）、南方六大区域电网，除华中电网与华北电网经 1 回特高压交流互联外，其他区域电网均经直流实现异步互联，且直流容量占各分区负荷比例在不断提高。国内异步联网主要的互联情况如下：

（1）东北电网与华北电网经 1 回直流（高岭）背靠背互联。

（2）西北电网与华中电网经 2 回直流（灵宝）背靠背互联，与华东电网经 3 回直流互联，与华北电网经 2 回直流互联，与川渝电网经 2 回直流互联。

（3）川渝电网与华东电网经 3 回直流互联。

（4）西藏电网与西北电网经 1 回直流（青藏联网工程）互联。

（5）渝鄂背靠背将华中电网分为湖北电网和川渝电网。

其中有几项具有代表性的异步联网重点工程：

（1）云南异步联网工程。云南电网主网与南方电网主网异步联网工程于 2016 年建成投产。该工程是世界首次采用大容量柔性直流与常规直流组合模式的背靠背直流工程，也是世界最高电压、最大容量的柔性直流背靠背工程。有效解决了大电网安全风险，提升云南电力外送能力约 300 万 kW。

（2）渝鄂背靠背直流工程。川渝电网于 2019 年经 2 座柔性直流背靠背换流站与华中电网实现直流异步互联，有效解决了川渝和华中四省 500kV 交流长链式电网结构带来的稳定问题，简化电网控制策略，提升电力外送能力。

（3）粤港澳大湾区背靠背直流工程。广东电网于 2022 年建成基于粤港澳大湾区外环的中、南通道柔性直流背靠背工程，有效解决了短路电流大范围超标、交直流相互影响严重、大面积停电三大风险。

2．国外现状

在国外，美国、日本异步互联大电网比较具有代表性，其主要特征是将全国分为几个非同步区域电网，各区域间通过直流或变频站实现异步互联。例如，美国依托各区域优势能源资源，形成了东部、西部和德克萨斯三大电网，东部电网以煤电、气电为主，西部电网以水电为主，德克萨斯电网以气电为主，三个电网相对独立并通过直流互联，相互之间的电能输送功率较小，每个分区电网体系基本实现自给自足。日本电网由西部、东部（东北、东京）、东部（北海道）三大异步电网组成，通过变频站和直流异步互联，东部电网频率为 50Hz，西部电网频率为 60Hz，通过两座变频站（佐久间 30 万 kW 和新信浓 60 万 kW）连接，东部电网中的东北、北海道电网又通过 1 回 ±250kV 海底直流互联。

目前，西欧电网属于互联式大同步电网（团状电网），有直流互联的发展趋势。西欧电网初期为国与国之间的双边连接，逐渐发展为 400kV 交流多国互联模式。西欧电网最初的发展目标是以分布式发电为主，而不是强调电网规模的扩大，以国家为实体各自建立各自的电网，没有大功率的交换，所以交流互联较弱，便于解列防止事故扩大，主要起调节余缺和事故支援作用。欧洲于 2010 年提出了超级电网 2050 的概念，拟将可再生能源与传统能源广域互联，采用柔性直流将偏远地区可再生能源传输到负荷中心，实现多能源形式、多时间尺度、大空间跨度互补。

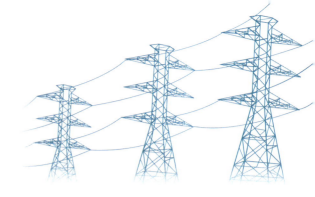

第3章

电力系统异步联网结构形态

　　相比传统的同步互联电网，电网异步互联具有以下优势：

　　（1）稳定性更高。电网异步互联可以更好地抵御电网故障和电力波动，因为它可以可靠控制电力潮流，从而保持电网的稳定性。

　　（2）可靠性更高。电网异步互联可以更好地应对电力系统的故障，因为它可以自动隔离故障区域，从而避免故障扩散。

　　（3）灵活性更高。电网异步互联可以更好地适应不同的电力需求和电力负荷，因为它可以自动调整电力潮流，从而满足不同的需求。

　　电网异步互联可以应用在以下场合：

　　（1）大电网间的电力互联互济。异步互联可以有效方便地实现电能的双向传输与调节，并可靠隔离原电网在故障后的跨网相互影响。

　　（2）大规模的可再生能源接入。电网异步互联可以更好地应对可再生能源的波动性和不确定性，从而实现大规模的可再生能源接入。

　　（3）跨国电力交易。国家间的电网异步互联可以方便兼顾不同国家间的频率、电压、保护等方面的不同电网运行标准，更好地实现跨国电力交易，从而促进国际能源合作和能源安全。

　　（4）城市电力系统。电网异步互联可以更好地应对城市电力系统的复杂性和不确定性，从而提高城市电力系统的可靠性和稳定性。

　　目前运行中的异步互联电网通常通过以下几种方式实现：

　　（1）直流输电线路。直流输电线路可以实现不同电网之间的异步互联。直流输电线路可以通过控制直流电压和电流来实现电网之间的电力传输，从而实现异步互联。

（2）柔性交流输电系统。柔性交流输电系统可以通过控制电压和频率来实现电网之间的异步互联。柔性交流输电系统可以通过控制电压和频率来实现电力传输，从而实现异步互联。

此外，电网间的异步互联还包括以下几种研究中的方式实现：

（1）智能变电站。智能变电站可以通过控制电压和频率来实现电网之间的异步互联。智能变电站可以通过控制电压和频率来实现电力传输，从而实现异步互联。

（2）能量存储系统。能量存储系统可以通过储存电力来实现电网之间的异步互联。能量存储系统可以通过储存电力来实现电力传输，从而实现异步互联。

总之，电网间的异步互联需要通过控制电压、电流、频率等参数来实现电力传输，从而实现异步互联。不同的技术可以根据实际情况选择。

3.1 支撑异步联网的直流输电技术

3.1.1 异步联网方式

大电网间的异步联网方式主要有两类：

（1）在同步大电网中断开现有若干通道，形成两个或若干个异步联网运行的子电网，从而消除同步大电网中的暂态稳定、短路电流、连锁故障等问题，异步联网运行后可保证故障状态下暂态期间大量潮流不再迂回穿越电网，网架结构清晰。

（2）将原本不相联的两个电网用直流联系起来，实现电力互联互通的目的。这种异步联网方式的优点在于两个电网间仍保持相对独立的稳定特性，系统规模扩大后，不再产生新的稳定问题。

3.1.2 直流输电技术及应用情况

直流输电技术是一种将电能以直流形式输送的技术，它具有输电距离远、输电损耗小、占地面积小、环境污染少等优点，因此在电力输送领域得到了广泛应用。目前，高压直流输电技术已经成为电力输送领域的主流技术之一。在国内，我国已经建成了多条高压直流输电线路，如青海—新疆 $\pm 800kV$ 特高压直流输电工程、云南—广东 ±800kV 特高压直流输电工程等。这些工程的建设，不仅解决了西部地区电力供应不足的问题，也为我国电力输送技术的发展提供了重要的支撑。在国际上，高压直流输电技术也得到了广泛应用。例如，欧洲已经建成了多条跨国高压直流输电线路，如德国—挪威、德国—丹麦、德国—荷兰等。这些线路的建设，不仅实现了欧洲各国之间的电力互联互通，也为欧洲能源市场的统一提供了重要的支撑。高压直流输电技术已经成为电力输送领域的重要技术之一，它的应用范围和前景都非常广阔。随着技术的不断发展和完善，高压直流输电技术将会在未来的电力输送领域中发挥越来越重要的作用。目前，我国对直流输电技术的应用主要包括柔性直流输电、背靠背直流输电、输电线路、多端互联等方面。

1. 柔性直流输电技术

柔性直流输电（Voltage Sourced Converter Based High Voltage Direct Current，VSC-HVDC）技术是最近几十年发展起来的新型直流输电技术，其基本概念于 1990 年由加拿大 McGill 大学的 Boon-TeckOoi 等人联合提出的。早期柔性直流输电模型的拓扑结构主要采用基于 PWM 调制的升压型换流器，如图 3-1 所示。

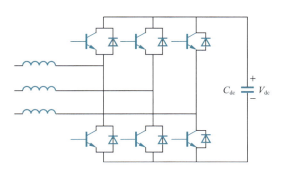

图 3-1　基于 PWM 调制的升压型换流器

在柔性直流输电技术发展的初期，受限于可关断器件的电压和容量，柔性直流输电技术也被称为轻型直流输电技术。直流输电技术的发展与电力电子器件的发展密切相关，电力电子器件的发展经历了由半控到全控、电压等级和开关速度逐渐提高的发展趋势，也促使柔性直流输电向着更高容量不断挑战。常规电力电子器件如图 3-2 所示。

半导体闸流管（SCR）　门极可关断晶闸管（GTO）　绝缘栅门极晶体管（IGBT）

电子注入增强栅晶体管（IEGT）　　集成门极换流晶闸管（IGCT）

图 3-2　常规电力电子器件

柔性直流输电系统等效图如图 3-3 所示。柔性直流输电系统中的关键设备及其主要作用为：

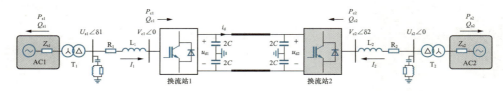

图 3-3　柔性直流输电系统等效图

（1）换流器：电压源型结构，可关断器件，一般采用 IGBT 或者 GTO。

（2）直流侧电容：主要作用是提供电压支撑、缓冲桥臂关断时的冲击电流，减小直流侧谐波。

（3）换流电抗器：柔性直流输电系统与交流系统能量交换的纽带，同时也起到了滤波功能。

（4）交流滤波器：采用高通滤波器结构，用于减少交流电压谐波。

与常规高压直流输电（Line Commutated Converter High Voltage Direct Current，LCC-HVDC）技术相比，柔性直流输电技术的优势在于：

（1）无需无功补偿，谐波水平低。相比于常规高压直流输电技术，柔性直流输电技术采用可关断器件，控制系统可以在需要的时刻关断换流阀，无需交流侧提供换相电流和反向电压，从而避免消耗大量的无功，可节省常规高压直流输电交流滤波器场的用地，大大减少了征地范围。根据测算和已实施工程，可节约用地约 20%。同时，由于没有并联的大容量电容器，甩负荷时过电压会更小，有利于弱电网系统的电压调控。由于采用可关断器件，高频次的开关也使得各侧波形更好、低频谐波含量更少，仅需配置较高容量的高通滤波器即可实现谐波的控制。

（2）没有换相失败问题。柔性直流输电技术采用可关断器件，开通和关断时间可控，与电流的方向无关，从原理上避免了换相失败问题。即使受端交流系统发生严重故障，只要换流站交流母线电压仍在，就能够维持一定的功率。

（3）可向孤岛供电，可独立调节有功功率和无功功率。由于柔性直流输电技术能够自换相，可以工作在无源逆变模式下，不需要外加的换相电压，因此，受端系统可以是无源网络。常规高压直流输电系统则需要依靠电网完成换相，需要较强的有源交流系统支撑。

（4）适合构成多端系统。柔性直流输电系统的电流可双向流动，直流电压极性不能改变，也就是潮流反转时，直流电压保持不变。而常规高压直流输电系统潮流反转时，直流电压极性反转，直流电流的方向不变。这个特点对于构成多端系统至关重要。在并联型多端直流输电系统中，柔性直流输电系统可以通过改变单端电流方向来改变潮流的方向，便捷而又快速。

对比高压交流输电及常规高压直流输电技术，由于元器件和调制技术的限制，柔性直流输电技术缺点主要包括：

（1）损耗较大。不同输电方式下的损耗情况见表 3-1。

表 3-1　　　　　　　不同输电方式下的损耗情况

输电方式	变流器损耗（%）	线路损耗（%）	总耗损（%）
高压交流输电	0	1.2	1.2
常规高压直流输电	1.4	0.5	1.9
柔性直流输电	5	1.5	6.5

（2）设备成本较高。目前，高压直流输电采用的可控硅换流阀已基本实现国产，其成本得到大大的降低。而 IGBT 等可关断器件，由于工艺和材料的限制，生产成本高于常规可控硅换流阀。

（3）过载能力较差。如张北柔性直流工程是世界首个柔性直流电网试验示范工程，但其电力电子设备过载能力相对较弱，单站容量仅为直流电网容量的 1/3。

13

（4）容量较小。这是由可关断器件的性能所决定的，目前实际工程中的容量已有显著提升，随着技术的发展和材料性能的不断进步，未来将会有更大容量的柔性直流输电工程投产送电。

2. 背靠背直流输电系统

背靠背直流输电系统没有直流输电线路，可用于两个异步的交流电力系统之间的联网或送电。背靠背直流输电系统的整流侧和逆变侧通常布置在一个换流站内，称为背靠背换流站。整流侧和逆变侧的直流侧通常由平波电抗器相连，交流侧分别与两个电力系统相联，从而实现异步联网。

背靠背换流站的接线方式与常规直流换流站相似，也是由基本换流单元组成。图 3-4 为典型的背靠背直流输电系统结构图（以常规高压直流输电为例）。

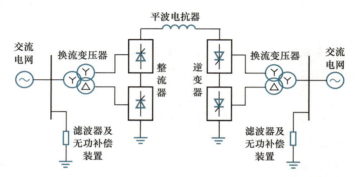

图 3-4　典型的背靠背直流输电系统结构图（以常规高压直流输电为例）

背靠背直流系统整流端和逆变端距离很近，不存在远距离通信时延和故障的问题，背靠背直流系统两端换流器可以通过上层控制系统快速协调，使其具有优良的协调控制能力。

背靠背直流输电系统对实现异步联网具有以下优点：

（1）换流站造价较低。由于背靠背直流输电系统没有直流输电线路，可以选择较低的直流侧电压，降低绝缘费用；采用较小的平波电抗值，一般可省去直流滤波器。同时，因直流侧电压低，整流器和逆变器装设在一个阀厅内，换流站的设备相应减少，可降低换流站的造价 15% ～ 20%。

（2）控制系统效率高。由于背靠背直流输电系统的整流器和逆变器装设在同一站址，两端换流站控制系统不存在远距离通信问题，能够简化控制保护系统，比一般直流系统故障概率低，控制系统响应速度更迅速。

（3）可实现电网跨区域调度运行。利用背靠背直流输电系统输送功率的可控性，可实现互联电网之间电能的经济调度。

（4）电网频率稳定性较高。背靠背直流输电系统输送功率的快速控制特性可对电网进行频率控制或功率振荡控制，有利于稳定电网频率、平衡发电和用电功率。

（5）电网电压稳定性较高。背靠背直流输电系统在运行中可以降低直流电压、增加直流电流进行无功功率控制和交流电压控制，因此可提高电压稳定性。

（6）可有效控制短路电流水平。背靠背直流在连接区域电网的同时，对区域电网实施了物理隔离，因此采用背靠背直流输电系统联网不增加互联电网的短路容量。

（7）运行可靠性高。背靠背直流输电系统一般采用模块化的设计和电气设备，因此故障率更低、可靠性更高。

随着直流输电技术的发展和异步联网需求的增多，背靠背直流输电技术在 20 世纪 80 年代以后得到迅速的发展。目前世界上至少已有 30 项背靠背直流输电工程投入运行，见表 3-2。对于背靠背直流工程所采用的直流电压，已投运的工程特别是 20 世纪 90 年代已投运的工程，电压等级大都在 100 ~ 200kV 之间，最高为 250kV。

表 3-2　　　　世界上已运行的背靠背直流输电工程

序号	工程名称	国家	功率（万 kW）	直流电压（kV）	运投时间（年）	备注
1	佐久间（SAKUMA）	日本	30	125	1965	50/60Hz 联网
2	伊尔河（Eel River）	加拿大	32	80	1972	魁北克 / 新布鲁斯维克联网
3	新信侬（Shin-Shinano）	日本	30	125	1977	50/60Hz 联网
			60	125	1993	
4	斯蒂加尔（Stegall）	美国	10	50	1977	北美东西部联网
5	阿卡瑞（Acaray）	巴西、巴拉圭	5.5	25	1981	50 /60Hz 联网
6	德恩罗尔（DURNROHR）	奥地利、捷克	55	145	1983	东西欧联网
7	埃地康蒂（Eddy County）	美国	20	82	1983	北美东西部联网
8	欧克拉钮（Oklaunion）	美国	20	82	1984	东部电网 / 德克萨斯联网
9	恰图卡（Chateauguay）	加拿大	100	140	1984	美国东北部 / 加拿大魁北克联网

续表

序号	工程名称	国家	功率（万 kW）	直流电压（kV）	运投时间（年）	备注
10	维堡哥（Vyborg）	俄罗斯	106.5	±85	1984	俄罗斯／芬兰联网
11	海盖特（High gate）	美国	20	56	1985	美国东北部／加拿大魁北克联网
12	黑水河（Black Water）	美国	20	56	1985	北美东西部联网
13	马达瓦斯加（Madawaska）	加拿大	35	130	1985	魁北克／新布鲁斯维克联网
14	迈尔斯城（Mills City）	美国	20	82	1985	北美东西部联网
15	布罗肯海尔（Broken Hill）	澳大利亚	4	17	1986	50/60Hz 联网
16	希尼（Sidney）	美国	20	50	1987	北美东西部联网
17	阿尔伯特（Alberta）	加拿大	15	42	1989	北美东西部联网
18	温地亚恰尔（Vindhyachal）	印度	50	70	1989	印度西部／北部联网
19	艾申里西（Etzenricht）	德国、捷克	60	160	1993	东西欧联网
20	维也纳东南（Vienna South-East）	奥地利	60	145	1993	东西欧联网
21	维尔希（Welsh）	美国	60	160	1995	东部电网／德克萨斯联网
22	强德拉普尔（Chandrapur）	印度	100	205	1996	印度西部／南部联网
23	加波尔-盖祖瓦克（Jeypore-Gazuwaka）	印度	50	200	1998	印度东部／南部联网
24	东清水	日本	30	—	1998	50 /60Hz 联网
25	加勒比（Garabi）	巴西、阿根廷	110	±70	2000	50/60Hz 联网
26	伊格尔帕斯（Eagle Pass）	美国、墨西哥	3.6	—	2000	美国西南部／墨西哥联网，轻型直流输电技术
27	北海道—本州	日本	60	±250	1993	北海道电网／日本东北部联网
28	灵宝	中国	36	120	2005	华中电网／西北电网非同步联网
29	高岭一期	中国	2×75	±125	2008	华北电网／东北电网非同步联网
30	高岭二期	中国	2×75	±125	2012	华北电网／东北电网非同步联网
31	灵宝扩建	中国	75	166.7	2009	华中电网／西北电网联网

　　南方电网在"十二五"末已形成"八交八直"西电东送主网架输电格局，电网结构有着交直流混合运行的特点，受端电网直流多落点发生多回直流同时闭锁或相继闭锁故障的风险加大，影响南方电网整体安全稳定运行。为实现云南电网与南方电网主网的异步联网运行，可采用背靠背直流输电的方式，从而降低原有"强直弱交"、大容量直流双极闭锁和多直流换相失败导致主网失稳等风险，提高电网主网的可控性，避免大面积停电风险。云南电网与南方电网主网鲁西背靠背直流异步联网工程（简称鲁西异步联网工程）是南方电网首个背靠背直流工程，也是国内第一个既包括常规高压直流输电又包括柔性直流输电的背靠背直流工程，柔性直流输电单元直流电压、输送功率均达到已投运和同期在建工程的最高值。鲁西异步联网工程换流站选址在云南省罗平县鲁西村，建设规模为 3000MW，一期建设 1 个 1000MW 的高压直流背靠背单元和 1 个 1000MW 的柔性直流背靠背单元，于 2016 年 8 月 29 日投产；二期扩建 1 个 1000MW 的高压直流背靠背单元，于 2017 年 6 月 30 日投产。

3. 高电压直流输电线路

　　常规直流输电线路主要接线方式有：双极两端接地、双极一端接地和双极两端不接地。柔性直流输电线路的主要接线方式包括伪双极、真双极和混合接线。由于直流接地极极址选择较为困难，因此接线方式按照常规直流双极加金属回线、柔性直流真双极、柔性直流伪双极三种方案考虑。

　　由于大容量、长距离的电力输送，受输电距离、线路走廊等条件的制约，500kV 交直流输电技术难以支撑大容量、远距离主网架送电的发展，特高压输电技术得到逐步应用和发展。为保障大区电网尤其是负荷中心地区用电安全可靠性，结合输电技术的发展状况，可考虑的输电技术主要有两种：一是直流输电技术，包括超高压直流和特高压直流；二是特高压交流输电技术。

　　从国际电压等级的发展来看，电网选用新的高一级电压，应不小于下一级电压的 2 倍。在 500kV 电压等级之上引入 1000kV，输电能力是 500kV 的 4～5 倍，具有技术经济合理性。此外，1000kV 特高压交流输电可为直流多落点馈入系统提供坚强的支撑，有效降低发生大面积停电事故的风险，有利于节省输电走廊，具有可持续发展的特征。而在交直流混联输电的情况下，利用直流功率调制等控制功能，可以有效抑制与其并列的交流线路的功率振荡，明显提高交流系统的暂态、动态稳定性能。特高压输电网络承载能力强，能够实现电力大容量、远距离输送和消纳，保证系统安全运行，具有抵御各种严重事故的能力。

4. 多端直流输电技术

基于多端直流输电（Multi-Terminal DC，MTDC）技术，利用直流线路将多个异步交流电网连接形成的直流异步互联电网结构受到国内外越来越多的关注。目前在交流电网异步联网领域，已投运的工程包括美国 Eagle Pas-Texas 背靠背工程、英国—爱尔兰联网工程、中国昆柳龙特高压多端混合直流输电工程等。我国电网已形成交直流混联输电格局，直流容量在整个电力输送容量中的比例显著提高。由电网换相换流器（Line Commutated Converter，LCC）和模块化多电平换流器（Modular Multilevel Converter，MMC）组成的混合式多端直流输电系统结合了两类换流器的优势，不仅解决了 LCC 在逆变侧换向失败的问题，还在一定程度上降低了投资成本，具有广阔的工程应用前景。

用于交流电网异步联网的直流工程通常侧重其异步隔离的功能，将交流电网的故障限制在自身区域内，防止影响另一侧电网。然而，当直流输送功率相较于送受端交流电网的容量占有较高比例时，会存在直流闭锁导致送端电网发电功率大量盈余等问题，危害电网频率稳定，应当考虑多端直流输电在交流电网之间发挥频率支援的能力，维护电网频率稳定，提高整个直流互联系统的安全稳定性。

与两端高压直流输电相比，多端直流输电更加经济、运行更加灵活，其显著的特点在于能够实现一个电源供电、多落点受电，提供一种更为灵活、快捷的输电方式。

以图 3-5 所示的混合三端直流输电系统模型为例进行介绍。考虑 LCC 换流站作为逆变站时存在换相失败、无法对弱交流系统供电、运行过程中消耗大量无功功率等问题，因此模型中将逆变站设定为基于 MMC 的柔性直流换流站，即 MMC1 和 MMC2，MMC1、MMC2 为逆变侧或工作在 STATCOM 状态，LCC 为整流侧。

混合三端直流输电系统送、受端的交流电网均采用等值电压源模型，正常运行电压为 525kV。送端电网采用一个 12 脉动的高压直流单元组成，受端电网采用两个柔性直流单元组成，三个换流站采用并联模式。高压直流单元由两个 6 脉动换流单元在直流侧串联组成，两个 6 脉动换流单元的连接中点采用中性点电容器接地的方式；柔性直流单元选用两组模块化多电平电压源型换流器，每个桥臂由 220 个半桥子模块构成，并采用载波移相的调制手段。整流站的额定功率为 1000MW，两个逆变站的额定功率分别为 600MW 和 400MW，

额定直流电压为 ±160kV。

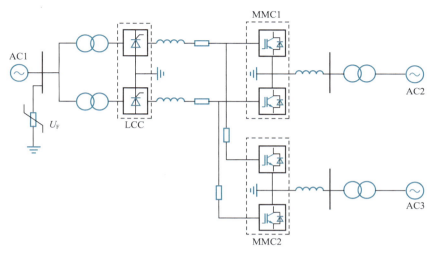

图 3-5　混合三端直流输电系统模型

　　LCC 换流站与 MMC1 换流站之间采用 50km 架空输电线等效模型。MMC1 换流站与 MMC2 换流站之间采用 10km 架空输电线等效模型。直流线路上选用 0.15Hz 的平波电抗器，并设计直流侧滤波器及中性点滤波系统。高压直流单元选用的交流滤波器共有两个大组，由 5 个滤波器小组构成，具有过滤交流谐波及提供无功功率的作用。直流滤波系统主要由直流滤波器及中性点电容器构成，能够有效减小直流线路上电压电流的特性谐波。

　　常规直流换流器会在直流侧产生谐波，主要是由换流所引起的谐波，即所谓的特征谐波；其他原因所等效的杂散电容等引起的谐波为非特征谐波。综合考虑系统的特点，滤波器参数见表 3-3。

表 3-3　　　　　　　　　　　　　滤 波 器 参 数

参数名称	取值
单调谐滤波器电容（μF）	2
单调谐滤波器电感（mH）	140
双调谐滤波器高压侧电容（μF）	2
双调谐滤波器高压侧电感（mH）	56
双调谐滤波器低压侧电容值（μF）	1.16
双调谐滤波器低压侧电感值（mH）	1.86

LCC 为功率送端，MMC1 及 MMC2 功率受端。模型中包含了直流站控、极控及保护等模块，其中，直流站控模块涉及启停控制和功率分配等；常规直流极控及保护模块包含了单元控制、阀控及常规直流保护功能，而 MMC1 和 MMC2 的极控主要包括数据处理、分接头控制、外环控制、内环控制等模块。

将两端直流输电控制策略的思路应用到多端直流输电系统，针对并联型混合三端直流输电系统，需要选择一个换流站控制直流电压，其余两个换流站控制直流电流（功率），因此提出两种并联型混合三端直流控制策略：策略 1 为整流站 LCC 控制直流电流，逆变站 MMC1 控制直流电压，逆变站 MMC2 控制直流电流；策略 2 为整流站 LCC 控制直流电压，逆变站 MMC1 和 MMC2 控制直流电流。以上两种基本控制策略的特性曲线如图 3-6 所示，其中，A、A_1 和 A_2 分别指两种控制策略下整流站 LCC、逆变站 MMC1 和 MMC2 的额定运行点。

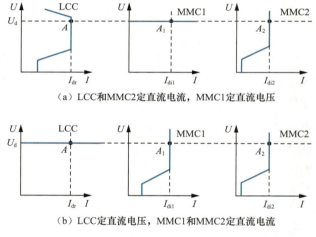

（a）LCC和MMC2定直流电流，MMC1定直流电压

（b）LCC定直流电压，MMC1和MMC2定直流电流

图 3-6　混合三端直流输电系统控制策略特性曲线

当整流站 LCC 发生严重交流故障时，两种控制策略下系统运行点的变化如图 3-7 所示。当 MMC1 定直流电压时，整流侧换流母线电压降低导致直流线路电压降低，从而直流电流减小，进入低压限流环节，运行点由 A 变化到 B，此时逆变侧 MMC1 由定电压模式切换到定电流模式，运行点由 A_1 变化到 B_1，逆变侧 MMC2 依然保持定电流模式，运行点由 A_2 变化到 B_2；当 LCC 定直流电压时，LCC 侧严重故障后失去对直流电压的控制能力，控制策略转入低压限流控制，运行点由 A 变化到 B，MMC1、MMC2 因直流电压降低也随

之转入低压限流控制，运行点由 A_1 和 A_2 分别变化为 B_1 和 B_2。

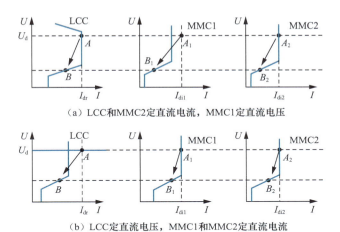

（a）LCC和MMC2定直流电流，MMC1定直流电压

（b）LCC定直流电压，MMC1和MMC2定直流电流

图 3-7   整流侧交流故障后系统运行点变化

当逆变站 MMC1 发生严重交流故障时，两种控制策略下系统工作点的变化如图 3-8 所示。当 MMC1 定直流电压时，故障导致逆变侧 MMC1 换流母线电压降低，输送功率减小，调节直流电压的能力下降，LCC 站和 MMC2 站都不具备自动调整功率功能，因此能量会向 MMC1 子模块电容充电，直流电压升高，运行点由 A_1 变化到 B_1，此时整流侧 LCC 进入最小 α 角控制，运行点由 A 变化到 B，逆变侧 MMC2 运行点由 A_2 变化到 B_2；当 LCC 定直流电压时，故障导致 LCC 侧向所连接的交流系统输送的有功功率减小，瞬时直流系统的直流电压升高，在 LCC 侧定电压控制协调作用下，将减小向直流系统输送的有功功率，直流电压恢复稳定，运行点由 A 变化到 B，MMC1 损失的功率将由 LCC 侧消纳，MMC1 运行点由 A_1 变化为 B_1，故障过程中 MMC2 侧直流功率随直流电压的波动而波动，但波动范围较小，基本稳定在设定功率值，运行点保持在 A_2。

当逆变站 MMC2 发生严重交流故障时，两种控制策略下系统工作点的变化如图 3-9 所示。当 MMC1 定直流电压时，故障导致 MMC1 通过电压控制器快速调节电流参考值，从而增大逆变站输送至交流系统的有功功率，将故障站剩余的功率转移至本站，以保证直流电压的稳定和功率平衡，LCC、MMC1 和 MMC2 的运行点分别由 A、A_1 和 A_2 变化为 B、B_1 和 B_2；当 LCC 定直流电压时，与逆变站 MMC1 发生交流故障时类似，运行点变化如图 3-9（b）

所示。

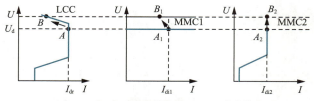

（a）LCC和MMC2定直流电流，MMC1定直流电压

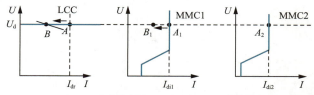

（b）LCC定直流电压，MMC1和MMC2定直流电流

图 3-8　MMC1 逆变侧交流故障后系统运行点变化

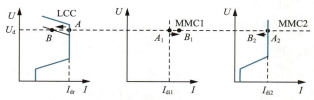

（a）LCC和MMC2定直流电流，MMC1定直流电压

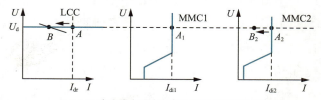

（b）LCC定直流电压，MMC1和MMC2定直流电流

图 3-9　MMC2 逆变侧交流故障后系统运行点变化

3.2　异步联网运行的电网架构

3.2.1　送端电网

3.2.1.1　直流闭锁故障对送端电网安全稳定特性的影响

送端电网通常需要考虑的严重故障为外送直流闭锁引起的功率过剩、转移

及继发的断面越限、频率越限等问题。通常情况下，发生直流闭锁故障时，将引起送端电网频率迅速升高，需要依靠直流频率限制控制功能和发电机组一次调频，将频率控制在合理范围内。多回直流闭锁的严重故障时，送端电网存在频率越限或频率稳定破坏的风险，在没有针对性稳控措施的情况下，需要通过配置合理的高周切机措施来保证系统的频率稳定。

以云南电网与南方电网主网异步联网场景为例，系统稳定特性从联网方式下直流闭锁后潮流大范围转移引起的暂态稳定问题，转变为功率过剩引起的云南电网频率稳定问题。由于直流闭锁故障时，云南电网频率稳定问题在小负荷方式以及直流满功率外送条件下更为突出，本节考虑直流满功率运行方式，研究直流单极闭锁、单回直流双极闭锁、直流双极闭锁安稳拒动、多回直流组合闭锁等故障下的云南电网稳定性，并提出相关措施建议。

1. 频率稳定计算边界条件

（1）频率稳定计算的相关要求。按照《电力系统安全稳定导则》（GB 38755—2019）中规定的第一、二级安全稳定标准要求，发生直流单极闭锁故障或单回直流双极闭锁故障采取稳控措施后，送端电网高周切机和低频减载装置应不动作，即故障后送端电网频率应不低于 49.0Hz，且不高于 50.6Hz。其中，低于 49.0Hz 将造成低频减载装置动作；超出 50.6Hz 将引起高周切机动作。

同时，按照"联络线因故障断开后，要保持各自系统的安全稳定运行"的要求，暂态过程中送端电网频率应低于 51.5Hz、高于 47.5Hz，且事故后系统频率能迅速恢复到 49.2 ～ 50.5Hz。其中，低于 47.5Hz 可能造成系统频率崩溃；超出 51.5Hz 将可能引起机组的超速保护（Over Speed Protection Control，OPC）或高周切机动作，造成无序跳闸，进而造成频率崩溃。

（2）直流闭锁故障后系统频率变化计算方法。在直流闭锁故障后频率变化特性的仿真计算中，需要综合考虑送端电网发电机组调速系统和直流 FLC 功能的频率调节作用。同时，计算中需考虑第三道防线的高周切机和低频减载措施，校验多回直流同时故障情况下送端电网的稳定特性。

1）发电机组一次调频。云南电网水电装机比重相对较高，水电机组调速器的调节幅度和调节速度等调频性能比火电机组优良。图 3-10 给出了楚穗直流孤岛调试试验中直流双极闭锁故障后小湾机组调速器的动作录波曲线。从图 3-10 中可以看出，直流双极闭锁后，小湾机组调速器在 7.7s 将导叶开度减小 63%。大水电机组的一次调频性能良好，其调频功能对维持电网频率稳定至关重要。因此，计算中考虑计及云南电网水电调速器作用。为校验苛刻情况下系统频率变化特性，计算中不计及云南电网内火电机组和单机容量 5 万 kW 以下小水电机组（总装机容量约 1205 万 kW）的调速器作用。

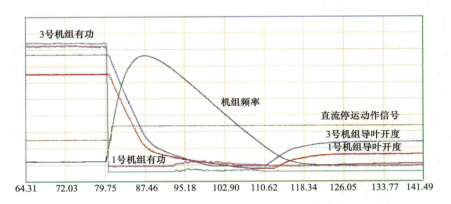

图 3-10　楚穗直流孤岛调试试验中直流双极闭锁故障后小湾机组调速器的动作录波曲线

2）直流输电系统的 FLC 功能。计算中考虑楚穗、糯扎渡和溪洛渡直流的 FLC 功能，频率控制目标值为 50Hz。参考目前楚穗直流孤岛运行的 FLC 设置，所有直流的 FLC 死区设置为 ±0.1Hz，直流功率调节量上限为直流额定容量的 +20%（+0.2p.u.），调节量下限为直流额定容量的 −50%（−0.5p.u.）。

3）高周切机。仿真计算中在云南电网配置了高周切机措施，在参考现有云南电网水电机组高周切机设置的基础上，增加糯扎渡水电站和溪洛渡水电站的相关措施。频率稳定仿真计算中的高周切机措施如表 3-4 所示。

表 3-4　　　　　　频率稳定仿真计算中的高周切机措施

发电厂	机组（万 kW）	频率（Hz）	时延（s）
功果桥	1～4 号（22.5）	50.6	0.2
		50.7	0.2
漫湾	2～6 号（25）	50.9	0.2
		50.9	0.2
		51.2	0.2
大朝山	1～6 号（22.5）	50.8	0.2
		50.9	0.2
		51.2	0.2

24

续表

发电厂	机组（万 kW）	频率（Hz）	时延（s）
戈兰滩	1～3 号（15）	50.8	0.2
		50.8	0.2
		52.0	0.2
景洪	1～5 号（35）	50.6	0.2
		50.7	0.2
		51.4	0.2
		52.0	0.2
瑞丽江	1～6 号（10）	50.6	0.2
		50.7	0.2
		52.0	0.2
大盈江四级	1～4 号（17.5）	50.6	0.2
		50.7	0.2
		50.8	0.2
		52.0	0.2
崖羊山	1～2 号（6）	50.8	0.2
		51.3	0.2
龙马	1～3 号（9.5）	50.7	0.2
		51.3	0.2
居甫渡	1～3 号（9.5）	51.0	0.2
		51.0	0.2
小湾	1～6 号（70）	51.0	0.2
		51.1	0.2
		51.2	0.2
金安桥	1～4 号（60）	51.2	0.2
		51.3	0.2
糯扎渡	1～6 号（65）	51.1	0.2
		51.2	0.2
		51.3	0.2
溪洛渡	1～9 号（70）	51.1	0.2
		51.2	0.2
		51.3	0.2

2．直流单极闭锁故障

仿真结果表明，直流单极闭锁故障后，云南电网其他直流系统在 FLC 作用下迅速上调直流功率。暂态过程中，云南电网频率暂态最高值为 50.385Hz，系统频率恢复值为直流 FLC 死区上限 50.1Hz 左右，高周切机和低频减载装置不动作。云南电网直流单极闭锁稳定分析见表 3-5。

表 3-5　　　　　　　　云南电网直流单极闭锁稳定分析

直流	稳定情况	最高频率（Hz）
楚穗	稳定	50.385
糯扎渡	稳定	50.370
溪洛渡	稳定	50.264

3. 单回直流双极闭锁故障

仿真计算表明，若楚穗直流或糯扎渡直流发生双极闭锁，或直流双极闭锁后一极再启动失败，云南电网频率均将上升至 50.6Hz 以上，引起高周切机动作。此时需通过稳控系统切除直流近区的小湾、金安桥、糯扎渡水电站机组，切机后可将云南电网频率控制在 50.6Hz 以下。溪洛渡直流单回容量较楚穗直流和糯扎渡直流小，溪洛渡直流双极闭锁后不采取措施系统也能保持稳定，暂态过程中云南电网频率暂态最大值为 50.482Hz，系统频率恢复值达到直流 FLC 死区上限 50.1Hz 左右。

直流双极相继闭锁故障，稳控装置切机动作时间延迟，若后闭锁极在单极闭锁后系统暂态频率上升期间闭锁，则将引起云南电网暂态频率进一步上升，稳控装置动作前系统频率可能已经接近高周切机动作阈值 50.6Hz。与联网方式相比，单回直流双极相继闭锁引起的系统暂态失稳风险基本消除，转变为云南电网的频率越限问题。楚穗直流或糯扎渡直流双极相继闭锁后，稳控措施切机后云南电网暂态频率最高值 50.495Hz，云南电网高周切机和低频减载装置不会动作。与直流双极同时闭锁相比，切机量有所增大。云南电网单回直流双极闭锁稳定分析见表 3-6。

表 3-6　　　　　　　云南电网单回直流双极闭锁稳定分析

故障	直流	稳定情况	稳控措施	采取措施后最高频率（Hz）
直流双极闭锁	楚穗	不切机，频率超 50.6Hz	切小湾 4 机 280 万 kW	50.420
	糯扎渡	不切机，频率超 50.6Hz	切糯扎渡 4 机 260 万 kW	50.413
	溪洛渡	稳定	无	50.479

故障	直流	稳定情况	稳控措施	采取措施后最高频率（Hz）
双极闭锁后一极再启动失败	楚穗	不切机，频率超 50.6Hz	切小湾 4 机 280 万 kW	50.495
	糯扎渡	不切机，频率超 50.6Hz	切糯扎渡 4 机 260 万 kW	50.493
	溪洛渡	稳定	无	50.482
双极相继闭锁（间隔 0.5s）后一极再启动失败	楚穗	不切机，频率超 50.6Hz	切小湾 4 机 280 万 kW、金安桥 2 机 120 万 kW	50.492
	糯扎渡	不切机，频率超 50.6Hz	切糯扎渡 7 机 455 万 kW	50.482
	溪洛渡	稳定	无	50.484

4. 直流双极闭锁安稳拒动故障

与同步联网方式相比，异步联网方案中单回直流双极闭锁安稳拒动引起的系统暂态失稳风险基本消除，转变为云南电网的频率越限问题，需要通过高周切机动作以保证云南电网频率稳定。

仿真结果表明，部分直流双极闭锁安稳拒动，高周切机动作切除云南电网 120 万～ 167 万 kW 的机组，系统可以保持稳定运行。暂态过程中云南电网频率能控制在 51.5Hz 以下，系统频率恢复至直流 FLC 死区上限 50.1Hz 左右，不会引起云南电网的低频减载装置和火电机组 OPC 动作。溪洛渡直流双极闭锁安稳拒动，暂态过程中云南电网频率将最大升高至约 50.479Hz，系统频率恢复至直流 FLC 死区上限 50.1Hz 左右，云南电网高周切机和低频减载装置不会动作。云南电网单回直流双极闭锁安稳拒动故障稳定分析见表 3-7。

表 3-7　　　云南电网单回直流双极闭锁安稳拒动故障稳定分析

直流	云南稳定情况	高周切机量	高周切机后系统最高频率（Hz）
楚穗	不切机，频率超 50.6Hz	167 万 kW	50.806
糯扎渡	不切机，频率超 50.6Hz	120 万 kW	50.767
溪洛渡	稳定	无	50.479

5. 多回直流组合闭锁

为校验在多回直流组合闭锁情况下，云南电网的频率稳定性以及南方电网主网的暂态稳定和电压稳定特性，对楚穗直流、糯扎渡直流、溪洛渡直流的单极闭锁、双极闭锁组合故障进行了仿真计算，结果如表 3-8 所示。

（1）云南电网多回直流同时单极闭锁故障（N–1 组合）。仿真结果表明，由于故障后稳控没有针对性措施，严重情况下四回直流同时单极闭锁后，云南电网暂态频率上升至 51.45Hz，高周切机动作切除云南电网约 550 万 kW 机组，系统可以保持稳定运行。暂态过程中云南电网频率能控制在 51.5Hz 以下，系统稳态频率恢复至直流 FLC 死区上限 50.1Hz 左右，不会引起云南电网的低频减载装置和火电机组 OPC 动作。

（2）云南电网多回直流同时单极－双极组合故障（N–1 和 N–2 组合、N–2 组合、N–4）。对楚穗直流、糯扎渡直流、溪洛渡直流中任意两回直流同时单极一双极组合故障进行了计算，结论如下：

1）溪洛渡 4 极同时闭锁时，若不采取措施将引起滇东北的溪洛渡、威信、镇雄、宣威等发电厂相对云南电网失稳。直流闭锁后采取针对性稳控措施，切溪洛渡 6 台机 420 万 kW 系统可以保持稳定运行。云南电网暂态频率最高值为 50.434Hz，系统稳态频率恢复至直流 FLC 死区上限 50.1Hz 左右，云南电网高周切机和低频减载装置不会动作。

2）一回直流双极闭锁，同时另一回直流单极闭锁故障，在采取直流双极闭锁稳控措施基础上，考虑云南高周切机动作，云南电网可以保持稳定运行。以楚穗单极闭锁同时糯扎渡双极闭锁为例，切糯扎渡 4 台机共 260 万 kW，高周切机动作切除云南电网约 144 万 kW 机组，不会再引起云南电网的低频减载装置和火电机组 OPC 动作。

3）云南电网两回直流同时双极闭锁，在采取直流双极闭锁稳控措施基础上，考虑云南电网高周切机动作，云南电网与南方电网主网均可以保持稳定运行。以楚穗和糯扎渡同时双极闭锁，切小湾 4 台机和糯扎渡 4 台机共 540 万 kW，高周切机动作切除云南电网约 190 万 kW 机组，不会再引起云南电网的低频减载装置和火电机组 OPC 动作。

4）云南电网送出的三回直流同时双极闭锁（直流额定总功率 1140 万 kW）以及四回直流同时双极闭锁（直流额定总功率 1640 万 kW），在采取直流双极闭锁稳控措施基础上，考虑云南电网高周切机动作，云南电网可以保持稳定运行，不会再引起云南电网的低频减载装置和火电机组 OPC 动作。

表 3-8　　　　　　　　　　云南多回直流组合闭锁故障稳定分析

故障类型	具体故障	现有措施动作的稳定情况	稳定结论
N-1 组合	楚穗单极 + 糯扎渡单极	高周切机 120 万 kW，云南电网保持稳定，暂态过程最高频率 50.713Hz	多回直流单极闭锁，采取高周切机措施，云南电网可以保持稳定
	楚穗单极 + 溪洛渡单极	高周切机 69 万 kW，云南电网保持稳定，暂态过程最高频率 50.604Hz	
	糯扎渡单极 + 溪洛渡单极	高周切机 69 万 kW，云南电网保持稳定，暂态过程最高频率 50.604Hz	
	楚穗单极 + 糯扎渡单极 + 溪洛渡单极	高周切机 282 万 kW，云南电网保持稳定，暂态过程最高频率 51.100Hz	
	楚穗单极 + 糯扎渡单极 + 溪洛渡Ⅰ回单极 + Ⅱ回单极	高周切机 551 万 kW，云南电网保持稳定，暂态过程最高频率 51.449Hz	
N-1 和 N-2 组合	楚穗单极 + 糯扎渡双极	稳控切糯扎渡 4 机 260 万 kW，高周切机 144 万 kW，云南电网保持稳定。暂态过程最高频率 50.777Hz	一回单极闭锁同时另一回双极闭锁，采取直流双极闭锁稳控切机措施和高周切机措施，云南电网可以保持稳定
	糯扎渡单极 + 楚穗双极	稳控切小湾 4 机 280 万 kW，高周切机 170 万 kW，云南电网保持稳定。暂态过程最高频率 50.913Hz	
	溪洛渡单极 + 楚穗双极	稳控切小湾 4 机 280 万 kW，高周切机 120 万 kW，云南电网保持稳定。暂态过程最高频率 50.737Hz	
	溪洛渡单极 + 糯扎渡双极	稳控切糯扎渡 4 机 260 万 kW，高周切机 120 万 kW，云南电网保持稳定。暂态过程最高频率 50.844Hz	
	楚穗单极 + 溪洛渡双极	稳控无措施，高周切机 217 万 kW，云南电网保持稳定。暂态过程最高频率 51.056Hz	
	糯扎渡单极 + 溪洛渡双极	稳控无措施，高周切机 195 万 kW，云南电网保持稳定。暂态过程最高频率 50.981Hz	
N-2 组合	楚穗双极 + 糯扎渡双极	稳控切小湾 4 机、糯扎渡 4 机共 540 万 kW，高周切机 192 万 kW，云南电网保持稳定。暂态过程最高频率 50.902Hz	两回同时双极闭锁，采取直流双极闭锁稳控切机措施和高周切机措施，云南电网可以保持稳定
	楚穗双极 + 溪洛渡双极	稳控切小湾 4 机 280 万 kW，高周切机 217 万 kW，云南电网保持稳定。暂态过程最高频率 51.139Hz	
	糯扎渡双极 + 溪洛渡双极	稳控切糯扎渡 4 机 260 万 kW，高周切机 217 万 kW，云南电网保持稳定。暂态过程最高频率 51.115Hz	

故障类型	具体故障	现有措施动作的稳定情况	稳定结论
N-2 组合	糯扎渡、溪洛渡 Ⅰ 回、Ⅱ回 共 3 回双极闭锁	稳控切糯扎渡 4 机、溪洛渡 7 机共 750 万 kW，高周切机 170 万 kW，云南电网保持稳定。暂态过程最高频率 51.003Hz	3 回及以上同时双极闭锁，采取直流双极闭锁稳控切机措施和高周切机措施，云南电网可以保持稳定
	楚穗、溪洛渡 Ⅰ 回、Ⅱ回 共 3 回双极闭锁	稳控切小湾 4 机、溪洛渡 7 机共 770 万 kW，高周切机 170 万 kW，云南电网保持稳定。暂态过程最高频率 51.030Hz	
	糯扎渡、楚穗、溪洛渡 Ⅰ 回 共 3 回双极闭锁	稳控切小湾 4 机、糯扎渡 4 机共 540 万 kW，高周切机 681 万 kW，云南电网保持稳定。暂态过程最高频率 51.470Hz	
	楚穗、糯扎渡、溪洛渡 Ⅰ 回、Ⅱ回 共 4 回双极闭锁	稳控切小湾 4 机、糯扎渡 4 机、溪洛渡 7 机共 1030 万 kW，高周切机 543 万 kW，云南电网保持稳定。暂态过程最高频率 51.232Hz	
N-4	溪洛渡 4 极	稳控切溪洛渡 7 机 490 万 kW，云南电网保持稳定。暂态过程最高频率 50.434Hz	有针对性稳控措施

3.2.1.2 交流故障对送端电网安全稳定特性的影响

1. 送端 N-1 故障

为评估异步联网对送端电网稳定性的影响，选择穿越云南电网电力基本相当的同步联网方案（穿越云南电网潮流 430 万 kW）和异步联网方案（穿越云南电网潮流 450 万 kW），对云南电网 500kV 线路三相短路跳单回线路故障的临界切除时间进行计算与对比，结果见图 3-11。

计算结果表明，异步联网后，云南电网各 500kV 变电站三相短路跳单回线路故障切除时间较同步联网方案有所提高，其中滇东及滇中东、滇南地区极限切除时间比同步联网方案提高了 0.1s 以上。异步联网后稳定水平有所提高的原因是：异步联网方案断开了云南电网与南方电网主网的电气联系，短路故障期间直流功率不再转移到交流通道，失稳模式将转变为故障点近区电站相对云南电网失稳的问题，相应的极限切除时间将受故障点近区开机方式影响。此外还可以看出，由于丰大方式下滇东和滇中地区火电机组开机少，丰大方式下异步联网方案该区域严重故障后极限切除时间与同步联网方案相比，得到较大幅度提高。

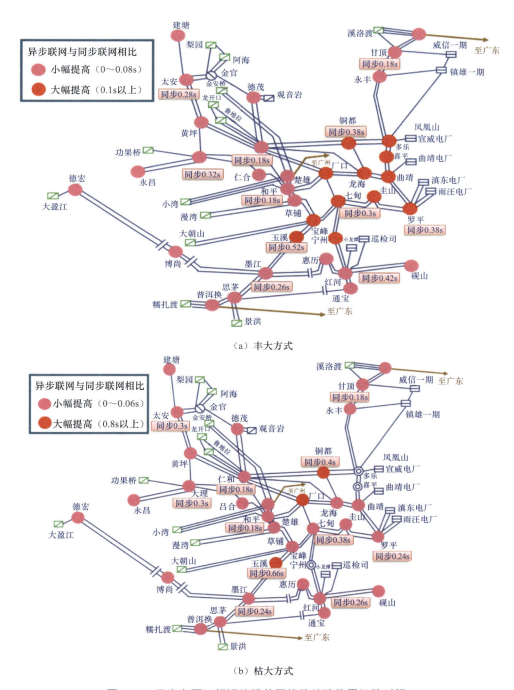

（a）丰大方式

（b）枯大方式

图 3-11 云南电网三相短路跳单回线路故障临界切除时间

以极限切除时间提高较大的 500kV 铜都—多乐线路铜都侧三相短路跳单回线路故障为例，分析同步联网方案和异步联网方案的稳定特性变化。同步联网方案下铜都—多乐线路铜都侧三相短路跳单回线路故障极限切除时间为0.36s，而异步联网方案下为 0.82s。对两个方案下铜都—多乐线路铜都侧三相短路跳单回线路故障持续 0.8s 进行仿真计算，仿真结果表明，同步联网方案下故障后云南电网相对南方电网主网失稳，振荡中心在云南出口附近；而异步联网方案，云南电网内部能够保持稳定运行。同步联网方案和异步联网方案的仿真曲线分别如图 3-12 和图 3-13 所示。

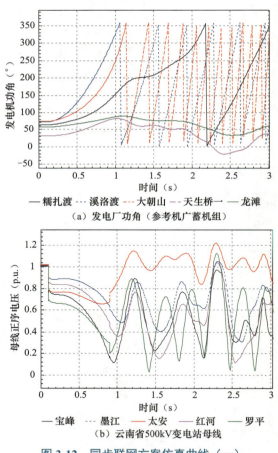

(a) 发电厂功角（参考机广蓄机组）

(b) 云南省500kV变电站母线

图 3-12 同步联网方案仿真曲线（一）

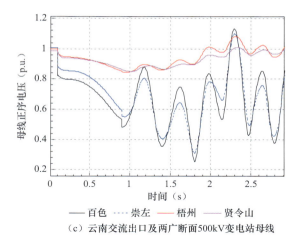

（c）云南交流出口及两广断面500kV变电站母线

图 3-12　同步联网方案仿真曲线（二）

为进一步分析故障点近区开机对 500kV 线路三相短路跳单回线路故障极限切除时间的影响，选取更多开机方式进行校验计算，计算结果见表 3-9 和表 3-10，可以看出：

受开机方式变化的影响，部分严重故障将引起近区机组相对云南电网失稳。极限切除时间比同步联网方案有小幅提高，但提升幅度较丰大方式有所降低。

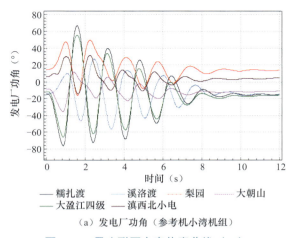

（a）发电厂功角（参考机小湾机组）

图 3-13　异步联网方案仿真曲线（一）

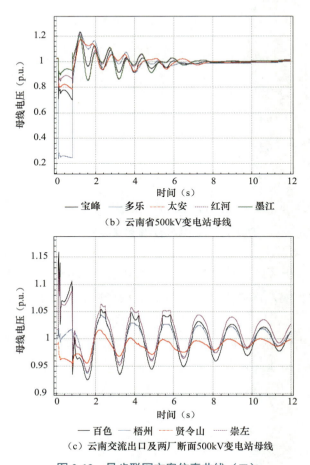

（b）云南省500kV变电站母线

（c）云南交流出口及两厂断面500kV变电站母线

图 3-13　异步联网方案仿真曲线（二）

表 3-9　　　　云南电网三相短路跳单回线路故障临界切除时间（丰大方式）　　　　（s）

区域	故障发生侧	N-1 故障	故障临界切除时间		
			同步联网	异步联网	差值
滇东	甘顶	甘顶—牛寨换流站	0.18	0.2	0.02
		甘顶—永丰	0.18	0.2	0.02
		甘顶—威信发电厂	0.18	0.2	0.02
		甘顶—溪洛渡	0.14	0.16	0.02
	永丰	永丰—多乐	0.26	0.28	0.02
		永丰—甘顶	0.26	0.28	0.02
		永丰—镇雄	0.26	0.32	0.06

续表

区域	故障发生侧	N-1 故障	故障临界切除时间		
			同步联网	异步联网	差值
滇东	牛寨换流站	牛寨—甘顶变电站	0.22	0.22	0
		牛寨—溪洛渡	0.2	0.22	0.02
	罗平	罗平—召夸	0.38	0.52	0.14
		罗平—曲靖	0.38	0.54	0.16
	曲靖变电站	曲靖—龙海	0.34	0.48	0.14
		曲靖—喜平	0.34	0.48	0.14
		曲靖—罗平	0.34	0.5	0.16
	铜都	铜都—龙海	0.36	0.82	0.46
		铜都—仁和	0.36	0.82	0.46
		铜都—多乐	0.36	0.82	0.46
	龙海	龙海—铜都	0.28	0.4	0.12
		龙海—仁和	0.28	0.4	0.12
		龙海—曲靖	0.28	0.4	0.12
		龙海—厂口	0.28	0.4	0.12
	多乐	多乐—铜都	0.34	0.5	0.16
		多乐—宣威发电厂	0.34	0.52	0.18
		多乐—永丰	0.34	0.5	0.16
		多乐—喜平	0.34	0.52	0.18
		多乐—镇雄发电厂	0.34	0.5	0.16
滇西北	太安	太安—金官	0.28	0.28	0
		太安—黄坪	0.28	0.28	0
		太安—建塘	0.28	0.28	0
	德茂变电站	德茂—观音岩	0.26	0.28	0.02
		德茂—金官	0.26	0.26	0
		德茂—仁和	0.26	0.26	0
	金官	金官—德茂	0.2	0.2	0
		金官—阿海	0.22	0.22	0
		金官—太安	0.22	0.22	0
	黄坪	黄坪—仁和	0.28	0.28	0
		黄坪—太安	0.3	0.3	0
		黄坪—大理	0.3	0.3	0

区域	故障发生侧	N-1 故障	故障临界切除时间		
			同步联网	异步联网	差值
滇西北	建塘	建塘—太安	0.42	0.42	0
	大理	大理—和平	0.32	0.32	0
		大理—黄坪	0.3	0.32	0.02
		大理—吕合	0.32	0.34	0.02
		大理—功果桥	0.42	0.42	0
		大理—永昌	0.32	0.34	0.02
	永昌	永昌—大理	0.42	0.42	0
滇南	红河	红河—砚山	0.42	0.46	0.04
		红河—宁州	0.42	0.46	0.04
		红河—通宝	0.42	0.46	0.04
		红河—惠历	0.42	0.46	0.04
	惠历变电站	惠历—红河	0.32	0.32	0
		惠历—建水串补	0.32	0.32	0
滇中	厂口变电站	厂口—龙海	0.2	0.3	0.1
		厂口—仁和	0.2	0.3	0.1
		厂口—七甸	0.2	0.32	0.12
		厂口—和平	0.2	0.3	0.1
	七甸变电站	七甸—厂口	0.3	0.42	0.12
		七甸—召夸	0.3	0.4	0.1
		七甸—宁州	0.3	0.4	0.1
		七甸1—宝峰1	0.3	0.42	0.12
		七甸2—宝峰2	0.3	0.42	0.12
	宝峰变电站	宝峰—大朝山	0.26	0.34	0.08
		宝峰—玉溪	0.26	0.36	0.1
		宝峰—草铺扩	0.26	0.36	0.1
		宝峰—七甸	0.28	0.36	0.08
	草铺	草铺—漫湾	0.22	0.28	0.06
	和平变电站	和平—厂口	0.18	0.24	0.06
		和平—草铺扩	0.18	0.24	0.06
		和平—楚雄换流站	0.18	0.22	0.04

续表

区域	故障发生侧	N–1 故障	故障临界切除时间		
			同步联网	异步联网	差值
滇中	和平变电站	和平—大理	0.16	0.22	0.06
		和平—吕合	0.18	0.22	0.04
		和平—小湾	0.14	0.2	0.06
	楚雄换流站	楚雄—和平	0.18	0.22	0.04
		楚雄—小湾	0.16	0.2	0.04
		楚雄—金安桥	0.1	0.14	0.04
	吕合	吕合—和平	0.62	0.70	0.08
		吕合—大理	0.62	0.70	0.08
	仁和	仁和—铜都	0.18	0.2	0.02
		仁和—龙海	0.18	0.2	0.02
		仁和—厂口	0.18	0.2	0.02
		仁和—黄坪	0.18	0.2	0.02
		仁和—龙开口	0.18	0.2	0.02
		仁和—鲁地拉	0.18	0.2	0.02
	玉溪变电站	玉溪—宝峰	0.52	1.3	0.78
		玉溪—墨江	0.52	1.3	0.78
	宁州	宁州—红河	0.52	1.3	0.78
		宁州—七甸	0.52	1.3	0.78
滇西南	墨江	墨江—思茅	0.26	0.34	0.08
		墨江—墨博串补	0.26	0.34	0.08
		墨江—建水串补	0.26	0.34	0.08
		墨江—玉溪	0.26	0.34	0.08
	普洱换流站	普洱—思茅	0.18	0.2	0.02
		普洱—糯扎渡	0.18	0.22	0.04
	思茅	思茅—普洱换流站	0.22	0.26	0.04
		思茅—景洪	0.22	0.26	0.04
		思茅—墨江	0.22	0.26	0.04
		思茅—通宝	0.22	0.26	0.04
	德宏	德宏—大盈江	0.34	0.36	0.02
		德宏—博尚	0.18	0.2	0.02

表 3-10　　　　云南电网三相短路跳单回线路故障临界切除时间（枯大方式）　　（s）

区域	故障发生侧	N−1 故障	故障临界切除时间		
			同步联网	异步联网	差值
滇东北	甘顶	甘顶—牛寨换	0.18	0.2	0.02
		甘顶—永丰	0.18	0.2	0.02
		甘顶—威信电厂	0.18	0.2	0.02
		甘顶—溪洛渡	0.14	0.16	0.02
	罗平	罗平—召夸	0.24	0.26	0.02
		罗平—曲靖	0.24	0.26	0.02
	曲靖	曲靖—龙海	0.3	0.36	0.06
		曲靖—喜平	0.3	0.36	0.06
		曲靖—罗平	0.3	0.36	0.06
	铜都	铜都—龙海	0.4	0.5	0.1
		铜都—仁和	0.4	0.5	0.1
		铜都—多乐	0.4	0.5	0.1
	龙海	龙海—铜都	0.34	0.38	0.04
		龙海—仁和	0.34	0.38	0.04
		龙海—曲靖	0.34	0.38	0.04
		龙海—厂口	0.34	0.38	0.04
	多乐	多乐—铜都	0.26	0.3	0.04
		多乐—宣威电厂	0.26	0.32	0.06
		多乐—永丰	0.26	0.3	0.04
		多乐—喜平	0.26	0.32	0.06
		多乐—镇雄电厂	0.26	0.3	0.04
滇西北	太安	太安—金官	0.3	0.32	0.02
		太安—黄坪	0.3	0.32	0.02
		太安—建塘	0.3	0.32	0.02
	德茂	德茂—观音岩	0.28	0.28	0
		德茂—金官	0.28	0.28	0
		德茂—仁和	0.28	0.3	0.02
滇南	红河	红河—砚山	0.26	0.28	0.02
		红河—宁州	0.26	0.28	0.02
		红河—通宝	0.26	0.28	0.02
		红河—惠历	0.26	0.28	0.02

续表

区域	故障发生侧	N-1 故障	故障临界切除时间		
			同步联网	异步联网	差值
滇中	厂口	厂口—龙海	0.34	0.42	0.08
		厂口—仁和	0.34	0.42	0.08
		厂口—七甸	0.34	0.44	0.1
		厂口—和平	0.34	0.42	0.08
	七甸	七甸—厂口	0.38	0.44	0.06
		七甸—召夸	0.38	0.44	0.06
		七甸—宁州	0.38	0.44	0.06
		七甸1—宝峰1	0.38	0.46	0.08
		七甸2—宝峰2	0.38	0.46	0.08
	宝峰	宝峰—大朝山	0.36	0.4	0.04
		宝峰—玉溪	0.36	0.42	0.06
		宝峰—草铺扩	0.36	0.42	0.06
		宝峰—七甸	0.36	0.4	0.04
	玉溪	玉溪—宝峰	0.66	1.1	0.44
		玉溪—墨江	0.66	1.1	0.44
	宁州	宁州—红河	0.52	0.54	0.02
		宁州—七甸	0.52	0.54	0.02
滇西南	思茅	思茅—普洱换	0.22	0.26	0.04
		思茅—景洪	0.22	0.26	0.04
		思茅—墨江	0.22	0.26	0.04
		思茅—通宝	0.22	0.26	0.04

2. 送端交流系统严重故障

同样水平年下，异步联网方式共有 3 个三永故障同时跳双回故障造成系统失稳，且均为系统功角失稳；共有 1 个三相短路中开关单相拒动故障造成系统失稳，较同步联网极限外送方式减少 1 个。

为研究云南与南方电网主网异步联网后滇西北外送断面稳定特性的变化，在保证相同电力潮流的基础上，考虑在异步联网方案基础上将背靠背直流功率调整为 430 万 kW，比较同步联网方案和异步联网方案的西北外送极限变化。由于两种方案下滇西北外送断面输电能力均受交流线路热稳控制，计算过程中考虑在滇西北外送断面达到热稳极限之后，继续增加滇西北电源出力，重点考虑在暂稳约束下外送断面的输电能力。计算结果见表 3-11 和图 3-14。

表 3-11   滇西北主要断面送电极限   （万 kW）

滇西北送电断面	送电极限			控制故障	
	同步联网	异步联网	差值	同步联网	异步联网
黄坪、大理、德茂断面	750	730	20	仁和—龙海（仁和侧）N–1 三永暂稳	仁和—龙海（仁和侧）N–1 三永暂稳
仁和、大理断面	1320	1280	40	仁和—龙海（仁和侧）N–1 三永暂稳	仁和—龙海（仁和侧）N–1 三永暂稳

计算结果表明，在不考虑线路热稳限制条件下，异步联网方案下受端电网规模变小，滇西北主要断面外送输电能力有一定程度下降。其中，滇西北 500kV 金官、黄坪、大理断面（金官—德茂、黄坪—德茂双回、大理—和平、大理—吕合）共 5 回 500kV 线路断面送电极限为 730 万 kW，比同步联网丰大极限方式的送电极限降低 20 万 kW；500kV 理、仁和断面（仁和—铜都双回、仁和—龙海、仁和—厂口双回、大理—和平、大理—吕合）共 7 回 500kV 线路断面送电极限为 1280 万 kW，比同步联网丰大极限方式极限降低 40 万 kW。

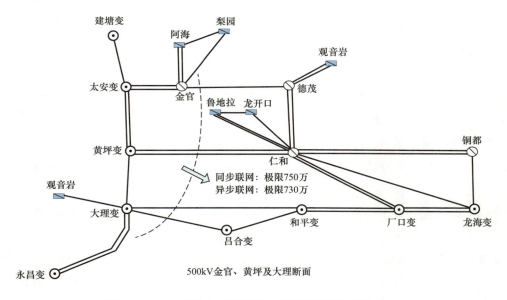

图 3-14　丰大极限方式下滇西北主要断面送电极限（一）

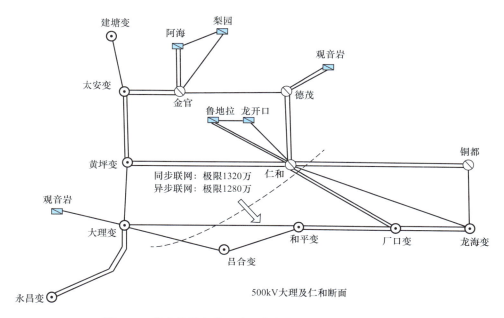

图 3-14　丰大极限方式下滇西北主要断面送电极限（二）

3.2.2　受端电网

1．异步联网柔性直流分区技术

受端电网的首要条件是为多直流馈入提供足够的短路容量支撑与潮流转移通道。受端电网的结构性问题以多直流同时馈入场景最为突出。目前多直流集中馈入受端负荷中心地区，往往造成短路电流超标、负荷中心网架结构不清晰等问题，柔性直流分区技术被认为是解决此场景的有效技术。利用柔性直流输电技术将多直流落点的同步电网分隔成若干分区，每个分区系统之间保持异步联网运行，其余馈入系统的直流为常规高压直流输电，可有效解决多直流馈入的短路电流超标与换相失败共生的一体双面矛盾。典型柔性直流分区示意图如图 3-15 所示。

相比于采用常规高压直流输电技术进行异步互联，柔性直流分区技术

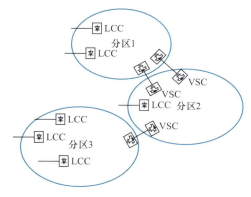

图 3-15　典型柔性直流分区示意图

具有其优越性。常规高压直流输电存在的换相失败、故障后吸收大量无功等问题，可能导致在一定程度上恶化交直流相互影响。而柔性直流分区技术可以实现降低短路电流的目的，不存在换相失败的问题，此外还兼具动态无功支援能力，有利于改善受端电网电压稳定性以及故障后的系统恢复能力，提高系统抵御严重故障的能力及安全稳定水平。

2. 异步断面选择

以广东电网多直流馈入场景为例，为解决广东电网的问题，以 500kV 电压等级作为广东电网交流主网构网的最高电压等级，并分层分区构建东西组团骨干网架，组团间通过直流背靠背联络，如图 3-16 所示。现有东西组团间通过从西—博罗（称为北通道）、增城—水乡（穗东）（称为中通道）及狮洋—沙角发电厂（称为南通道）三个通道联系，实现珠三角东西电网的电力互济。结合广东电网目标网架研究成果，这三个通道将布局背靠背直流工程。

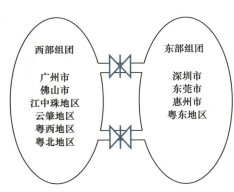

图 3-16　广东电网组团示意图

3. 直流闭锁故障后受端电网功角稳定性分析

在异步联网运行中发生直流闭锁故障时，受端电网的功率缺额由主网全部发电机上调出力来承担，受端电网机组的增发功率通过主通道分布至电网，一旦故障前输电通道潮流重载，则存在多回直流同时闭锁后系统功角失稳的风险。

（1）直流单极闭锁故障。直流单极闭锁故障时，不采取措施，系统均应能保持稳定。

（2）直流双极闭锁故障。直流双极闭锁、直流双极闭锁后一极再启动失败、直流双极相继闭锁故障时，系统应在采取稳控措施后可以保持稳定运行。

云南电网与南方电网主网异步联网后，南方电网主网的主要稳定问题从联网方式下直流闭锁后潮流大范围转移引起的暂态稳定和电压稳定问题，转变为功率缺额引起的频率稳定问题。同时，由于频率稳定性对直流功率恢复速度以及切机与否的敏感性低，因此发生直流双极闭锁后一极再启动失败、直流双极相继闭锁故障甚至直流双极闭锁安稳拒动等严重故障，南方电网主网依然能保持稳定运行。

（3）多回直流同时故障。以云南电网与南方电网主网异步联网场景为例，校验云南电网多回直流同时故障情况下，南方电网主网的稳定特性。对楚穗直流、糯扎渡直流、溪洛渡直流的单极闭锁、双极闭锁组合故障进行了计算，并对楚穗直流和兴安直流同时双极闭锁故障进行校验计算。

1）云南电网两回直流同时单极闭锁故障。楚穗直流、糯扎渡直流、溪洛渡直流中任两回直流同时单极闭锁故障，南方电网主网可以保持稳定。

2）云南电网多回直流同时故障。楚穗直流、糯扎渡直流、溪洛渡直流中任两回直流同时单极闭锁或双极闭锁的组合故障进行了计算，结论如下：

a. 溪洛渡 4 极同时闭锁，南方电网主网可以保持稳定运行，系统最低频率 49.839Hz，低频减载装置不会动作。

b. 云南电网两回直流同时双极闭锁以及云南和贵州各一回直流同时双极闭锁（楚穗直流和兴安直流采用共用接地极），采取稳控切机和高周切机措施，南方电网主网可以保持稳定运行，系统最低频率 49.679Hz，低频减载装置不会动作。

c. 云南电网送出的三回以上直流同时双极闭锁，受端广东电网大量功率缺额由主网全部发电机上调出力来承担，将有大量有功功率转移到西电东送主通道上，部分直流组合闭锁故障可能导致 500kV 贤令山变电站等重要通道厂站电压大幅度下降，存在功角失稳的风险，这与故障前直流功率、西电东送通道初始电压、两广断面负载率等因素密切相关。考虑切除受端广东电网 226 万～ 766 万 kW，云南电网送出的四回直流同时双极闭锁，南方电网主网可以保持稳定运行。

d. 针对直流同时双极闭锁引起南方电网主网稳定问题，贵州减送广东 200 万 kW 方式后，降低了两广断面特别是北通道的潮流，增大了交流送电裕度，可以承担多回直流同时双极闭锁后贵州、广西发电机组一次调频上调出力以及贵州直流闭锁形成的转移功率，云南三回直流同时双极闭锁，南方电网主网均可以保持稳定运行；而四回直流同时双极闭锁故障后 500kV 贤令山变电站母线电压低于 0.75p.u. 时间为 97 周波，不能满足稳定判据。针对四回直流同时双极闭锁故障后的电压稳定问题，采取在贤令山变电站和桂林变电站各加装 60 万 kvar 静止无功补偿器，云南四回直流同时双极闭锁，云南电网和南方电网主网均可以保持稳定运行（暂态过程中 500kV 贤令山变电站母线电压低于 0.75p.u. 时间为 30 周波）。

楚穗和溪洛渡Ⅰ、Ⅱ回共 3 回直流同时双极闭锁故障仿真曲线如图 3-17 所示。

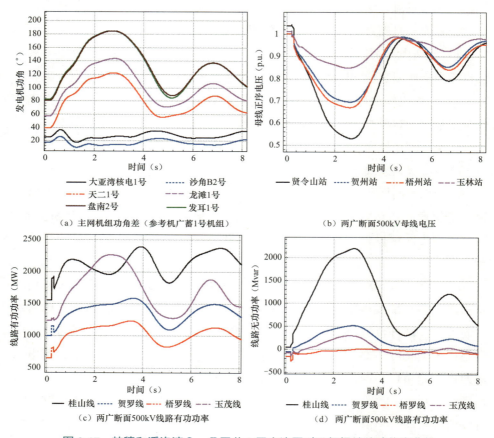

（a）主网机组功角差（参考机广蓄1号机组）

（b）两广断面500kV母线电压

（c）两广断面500kV线路有功功率

（d）两广断面500kV线路有功功率

图 3-17　楚穗和溪洛渡Ⅰ、Ⅱ回共 3 回直流同时双极闭锁故障仿真曲线

4. 直流闭锁故障后受端电网频率稳定性分析

以云南电网与南方电网主网异步联网为例分析，异步联网后，楚穗、糯扎渡和溪洛渡等送出直流闭锁时，受端电网频率主要通过发电机上调出力和直流 FLC 功能来调节。在多回直流组合闭锁故障损失大功率情况下，存在系统频率越限或频率稳定破坏的风险。需分别分析直流单极闭锁、单回直流双极闭锁、多回直流组合闭锁等故障后的受端电网频率稳定特性。为充分考虑恶劣工况，计算中考虑受端电网计算负荷的频率因子 $dP/df=3$，且不计调速器作用。

（1）直流单极闭锁。楚穗直流单极闭锁，南方电网主网最低频率 49.95Hz，不会导致低频减载装置动作。

（2）直流双极闭锁。楚穗直流双极闭锁，南方电网主网最低频率 49.77Hz，不会导致低频减载装置动作。

（3）两回直流同时双极闭锁。楚穗直流和糯扎渡直流同时双极闭锁，南方电网主网最低频率 49.04Hz，接近低频减载装置动作定值。

（4）三回直流同时双极闭锁。楚穗直流、糯扎渡直流、溪洛渡直流单回同时双极闭锁，稳控切除广东电网 266 万 kW 负荷（为维持故障后南方电网主网暂态稳定，需切除受端部分负荷），南方电网主网最低频率 48.91Hz，可能导致低频减载装置动作切除部分负荷。

（5）四回直流同时双极闭锁。楚穗直流、糯扎渡直流、溪洛渡直流双回同时双极闭锁，稳控切除广东电网 766 万 kW 负荷，南方电网主网最低频率 48.93Hz，可能导致低频减载装置动作切除部分负荷。

（6）异步联网方式下，单个直流闭锁，因其他直流频率限制功能作用，南方电网主网频率下降量小于云南电网外送直流孤岛方式。当两回及以上云南直流双极闭锁故障，其他云南直流频率限制功能作用减小，而异步联网方式下南方电网主网规模小于直流孤岛方式，异步联网中南方电网主网频率下降量大于直流孤岛方式。云南电网直流孤岛、异步联网方式下直流故障后南方电网主网频率比较见表 3-12。

表 3-12　　云南电网直流孤岛、异步联网方式下直流故障后南方电网主网频率比较

故障类型	直流孤岛方式		异步联网方式	
	最低频率（Hz）	切负荷量（万 kW）	最低频率（Hz）	切负荷量（万 kW）
楚穗单极闭锁	49.78	—	49.95	—
楚穗双极闭锁	49.59	—	49.77	—
楚穗双极 + 糯扎渡双极	49.16	—	49.04	—
楚穗双极 + 糯扎渡双极 + 溪洛渡单回双极	49.15	切除广东负荷 343	48.91	切除广东负荷 266
楚穗双极 + 糯扎渡双极 + 溪洛渡双回双极	49.16	切除广东负荷 751	48.93	切除广东负荷 766

5. 交流系统故障对受端电网稳定特性的影响

（1）交流系统 $N-1$ 故障。与同步联网方案相比，异步联网方案下三相永久性短路跳单回线路极限切除时间基本不变。

（2）交流系统严重故障。三相短路单相开关拒动，将导致地区电网机组与主网功角失稳，失稳站点与异步联网方案中预计的相同。

（3）交流系统严重故障敏感性分析。

1）交流系统 $N-1$ 故障。采用南方电网夏大方式，且负荷采用50%电动机+50%恒阻抗模型。在云南电网联网外送极限方式与云南电网异步联网背靠背方案下，广东电网500kV线路发生三相永久性短路跳单回线路，系统均能保持稳定。

2）交流系统严重故障。三相永久性短路同时跳双回故障将导致局部电网失稳，该情况异步联网与同步联网方案相同。三相短路中开关单相拒动故障，将导致地区电网机组与主网功角失稳，该情况异步联网与同步联网方案一致。

对中开关单相拒动故障后系统稳定特性进行分析（见图3-18）可以发现，云南电网与南方电网主网异步联网，对受端电网中开关拒动后稳定水平影响较小，异步联网方案和同步联网方案下，受端广东电网500kV厂站中开关单相拒动故障导致失稳的故障数相当。

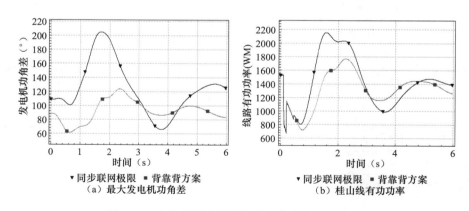

图 3-18 广东电网中开关拒动故障稳定分析（一）

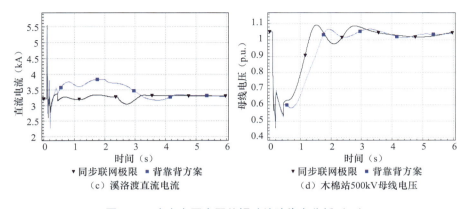

图 3-18　广东电网中开关拒动故障稳定分析（二）

总体上看，云南电网与南方电网主网异步联网，断开云南电网机组与南方电网主网机组的电气联系，一方面减小严重故障暂态过程中南方电网主网发电机组的最大功角差，提高系统功角稳定性；另一方面，异步联网方式下，受端交流严重故障后直流 FLC 动作引起换流站吸收更多的无功功率，将对受端电网电压稳定水平产生影响。但应当指出，受端电网的电压稳定性受故障前主通道潮流水平、暂态过程中直流动态特性以及是否有潮流转移等因素综合影响，异步联网对受端电网电压稳定性的具体影响将在后续章节作进一步研究分析。

6. 异步联网后交流系统故障导致多回直流换相失败的风险

以云南电网与南方电网主网异步联网为例，对受端电网三相短路故障进行计算，评估异步联网中交流系统故障导致多回直流换相失败情况的影响。

计算结果表明，受端广东电网 26 个 500kV 厂站出线发生三相短路故障，可能导致八回直流同时换相失败，如图 3-19 所示。其中，5 个 500kV 厂站发生该故障可能导致七回直流功率同时降至零，与同步联网方案的计算结果相同。

异步联网方式中，部分站点发生三相短路中开关单相拒动故障，系统不再失稳。主要原因是：苛刻条件下受端电网交流系统严重故障，引起楚穗、糯扎渡和溪洛渡等云南电网送出直流换相失败甚至功率降至零，由于云南电网与南方电网主网异步联网后断开云南电网机组与南方电网主网机组之间的电气联系，直流功率将不会转移到交流通道，显著提高了交流故障引起多回直流同时换相失败后受端电网的暂态稳定水平。

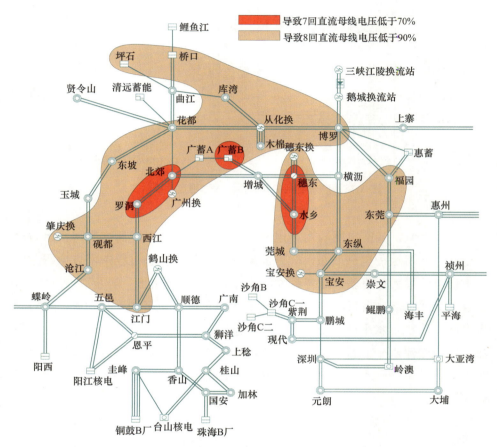

图 3-19 八回直流同时发生换相失败的区域

3.3 异步联网运行场景

异步联网工程广泛应用于孤岛／孤网、微电网、网间以及跨国电网间互联运行。

3.3.1 孤岛／孤网

柔性直流输电（VSC-HVDC）技术具有谐波含量小、有功／无功独立灵活可控、功率调节及反转迅速等优点，在交流电网间异步互联、大规模新能源并网等领域具有广泛的应用前景，灵活多样的控制特性使其能够连接弱交流系统甚至是孤岛运行。

目前针对 VSC-HVDC 连接孤岛运行的研究可根据两个特点共分为四种类型：一是根据孤岛内是否有电源分为有源孤岛和无源孤岛，有源孤岛内电压主要由发电机提供，无源孤岛内电压则完全由 VSC-HVDC 提供；二是根据孤岛形成方式分为规划孤岛和故障孤岛，规划孤岛是在规划设计阶段就提出将孤岛方式作为一种正常运行方式，故障孤岛则由于 VSC-HVDC 近区电网与交流主网联系薄弱或处于建设过渡期等原因，存在故障后联网转孤岛运行的可能。对于规划中的有源孤岛，研究主要关注于连接弱系统的控制方法与稳定性机理以及新能源电场送出等方面；而对于规划中的无源孤岛，研究主要集中于为系统提供虚拟惯量和阻尼以及故障穿越等；此外针对故障后联网转无源孤岛运行的判断策略和 VSC-HVDC 控制模式转换也存在相关研究，而关于故障后联网转有源孤岛的运行方式研究较少。基于呼辽直流、锦苏直流的投运，已有一些文献对高压直流故障后带有源孤岛运行的频率稳定性与功率输送能力进行了分析，为 VSC-HVDC 孤岛研究提供了一些思路参考。

西南电网与华中电网异步联网后，即存在典型的故障后形成有源孤岛运行的工况。渝鄂背靠背 VSC-HVDC 工程在原有南、北 500 kV 交流联网通道上各建设 1 座背靠背柔性直流换流站，将西南电网与华中电网异步隔开，解决了西南水电外送直流故障导致的原西南—华中联网系统暂态失稳问题。工程投运后，北通道渝侧为万县—九盘 VSC-HVDC 链式的电网结构。若万盘线发生 $N–2$ 严重故障断开，将会形成 VSC-HVDC 带九盘地区交流网孤岛运行状态。故障后联网转孤岛暂态恢复过程中产生的频率问题、电压问题可能会导致系统失稳。

3.3.2　微电网

通过微电网的形式实现对分布式电源（Distribution Generation，DG）的统一管理被认为是解决 DG 接入后的新问题的有效途径之一。这其中，微电网的可孤岛运行特性是提高供电可靠性，充分发挥 DG 优势的关键特征之一。然而，对于孤岛微电网来说，由于缺少主网的支撑，其稳定运行和供电质量必须由本身 DG 等可控制单元保证，所面临的问题更复杂。因此，孤岛微电网的协调控制和稳定分析是实现微电网推广应用的基础和关键。

3.3.3 网间

相对于交流输电，直流系统功率传输具有良好的可控性，并且控制灵活，调节性能好。直流功率灵活可控性在改善系统动态特性、提高新能源功率传输稳定性及优化系统频率稳定性等方面起着一定作用。实际工程中利用直流功率的快速可控性参与电网调频的实例日渐增多，云南电网频率调控采用直流附加控制与其他调频措施相配合，可有效解决网内频率稳定问题，如结合直流频率限制器控制原理，可分析云南电网频率响应特性，提出直流频率限制器参与的系统调频策略。

区域互联电网通过非同步联络线实现异步运行后，区域间低频振荡问题得到有效改善。但直流隔断作用也削弱了区域电网功率相互支援能力，送端电网（如云南电网、川渝电网）作为高比例能源送出区域电网，因网内功率不平衡引发的频率稳定问题随之突显出来。在异步联网背景下如何合理协调利用网内调频资源，维持系统频率稳定，保障电网可靠安全运行成为亟待解决的问题。

3.3.4 跨国电网

全球清洁能源资源十分丰富，仅开发万分之五就可满足全球能源需求。然而，全球清洁能源与负荷中心呈现逆向分布，同时由于风电、光伏发电存在随机性、间歇性、波动性，因此只有融入大电网才能实现大发展。这就决定了必须实现能源大范围优化配置，才能促进清洁能源的大规模开发利用。以特高压电网为骨干网架，构建全球能源互联网，可以实现清洁能源在全球范围内的大规模开发、输送和利用。其中，尤以澜湄国家电力互联互通、中日韩电力互联互通最为引人关注。

1. 澜沧江—湄公河国家电力互联互通

澜沧江—湄公河干流全长 4180km，干流及其支流构成了庞大的流域，流域总面积为 79.5 万 km^2。在国际河流中，仅次于亚马逊河和尼罗河位居第三，流域面积位居第十一位，水量位居第四位。中国云南省 38％的面积位于该流域区域，但在整个中国版图中只占很小的一部分；缅甸也只有少量的国土位于湄公河流域内；在泰国和老挝边境，湄公河作为界河，长距离绵延；柬埔寨几乎所有的国土都位于流域内；在越南，虽然流域面积只涵盖湄公河三角洲地区，但该地区对整个越南具有极其重要的经济价值。

澜沧江—湄公河区域能源总体相对匮乏，2035 年区域电力市场空间将超过 1 亿 kW，但可供外送的电力不足 3000 万 kW，未来区域清洁能源资源（尤其是水电）将成为各国竞相竞争的稀缺资源。未来老挝仍以开发水电为主；缅甸近期以开发气电为主、中长期以开发水电为主，水电占比有持续上升；泰国电源逐步向气电、水电、新能源并驾齐驱方向发展，煤电占比呈下降趋势；越南近年来新能源发展迅猛，中长期以气电、新能源为主，辅以少量煤电；柬埔寨则以开发煤电和水电为主。

考虑澜湄各国电网技术装备水平、电网标准不同，以及国家间希望保持电网独立的意愿，澜湄区域多数国家间倾向于为减小各国电网相互影响，提高送电能力而采用直流输送方式异步联网。

2. 中日韩互联电网

亚洲能源电力需求增长迅速，东北亚是亚洲经济最发达的区域之一，各国经济发展活跃、经贸关系紧密、能源资源互补性强，同时也面临能源消费总量大、能源转型压力大等问题。

从电网发展来看，中国在大规模清洁能源开发、远距离输电方面有较强的技术基础和丰富的工程经验。日本电网近年来市场改革逐步深化，面临能源转型压力，国内用电需求迫切，对电力供应多样化、提高清洁能源比例的需求不断扩大。韩国国内电力供需矛盾较为缓和，但"北电南送"潮流有待进一步优化。由此看来，在东北亚地区实现中国、韩国、日三国电网跨国互联，有助于解决各国电网存在的问题，推动各国能源电力转型变革，同时促进东北亚电力合作，加强东北亚电网互联互通基础设施建设。

中国、韩国、日本三国电网频率不同，中国电网频率为 50Hz，韩国电网频率为 60Hz，日本东部电网频率为 50Hz、西部电网频率为 60Hz。因此，为减小电网相互影响，提高送电能力，宜采用直流输送方式异步联网。

第**4**章

电力系统异步联网稳态运行

4.1　有功功率平衡与频率调节

随着高压直流输电技术在大容量、远距离输电上的技术突破，各区域电网之间可通过高压直流输电技术实现非同步运行。高压直流输电技术在大容量、远距离输电上不仅具有更好的经济性，而且直流输电的快速可控性和过负荷能力为两端电网提供了可靠的功率支援；除此之外，直流隔离的形成减少了电网中功角失稳发生的可能性，提高了系统运行可靠性。但异步联网后区域电网的发电机惯量降低，且直流故障往往会引起较大的有功功率不平衡，频率稳定性问题及替代功角稳定性问题成为影响电网安全稳定运行的重要因素，特别是弱送端电网的高频问题近几年引起了广泛的关注。在实际工程中，通过在直流系统内加入直流附加频率控制来抑制送端高频现象，取得了一定的成效。

由于电网频率变化主要是由系统中有功功率的不平衡引起，因此在直流潮流模型建立过程中，可以忽略无功功率—电压的变化对电网频率的影响，而着重研究有功功率—频率之间的关系。

4.2　无功功率平衡与电压调节

近年来，在云南电网、西南电网等直流异步联网系统中发生了振荡频率低于传统低频振荡频率范围的振荡，并且振荡形式也差别很大。如在云南电网异步联网特性试验中出现了与传统低频振荡不同的全网的共同振荡现象，振荡周期为20s，频率在49.9～50.1Hz之间且振荡明显，严重影响了异步联网后云南电网的正常运行。全网的共同振荡与低频振荡的机电振荡机理不同，是有功频率控制过程中的频率振荡问题，也称超低频振荡。

频率振荡与调速器和原动机相关，已有多种基于调速器优化的手段以抑制频率振荡，对直流 FLC 的有功功率调节方式优化研究也可直接用于有功功率控制。通过有功频率控制来抑制频率振荡的方式可能会影响电网一次调频响应特性，由于电力系统电压调整存在负荷效应，因此通过无功电压控制抑制频率振荡成为提高电网超低频振荡阻尼的另一方法。

本节在电网侧与电源侧，从通过无功电压控制提高电网阻尼转矩的角度，研究抑制频率振荡控制措施，并以云南电网仿真实例验证措施的效果。

4.2.1　无功电压控制增加阻尼转矩机理

根据阻尼转矩法，在小干扰稳定分析中，发电机电磁功率偏差与发电机转速偏差同相位的分量即为振荡提供正阻尼的部分。

若系统中无功电压控制过程和有功频率控制过程相互解耦，则通过控制系统无功功率不会对超低频振荡产生影响。但由于网络损坏和负荷电压调节效应的存在，使系统无功电压控制过程与有功频率控制过程耦合，通过改变节点输入的无功功率则会对系统的超低频振荡产生影响。

在电网实际运行中，可用于动态无功调节的设备主要有发电机励磁和静止同步补偿器（Static Synchronous Compensator，STATCOM）。针对发电机励磁无功电压控制属于发电机电力系统稳定器（Power System Stabilizer，PSS），研究证明 PSS 对频率振荡及低频振荡均为有效手段，基于 PSS4B 分频段控制的措施在生产上已经得到一定范围的运用。对于 STATCOM，由于系统发生频率振荡时各发电机转子同调变化，转速偏差 $\Delta\omega$ 与频率偏差 Δf 相同，在阻尼控制策略中，可选取系统侧频率偏差 Δf 为输入信号，通过附加控制环节增大 ΔP_e 与 Δf 同相位的分量来提高系统频率振荡的阻尼。简单的附加控制可以考虑增加以 Δf 为反馈量的比例环节。

4.2.2　STATCOM 控制抑制频率振荡研究

在云南电网中分析电网变电站侧动态无功补偿附加控制对频率振荡的影响。以 STATCOM 为例进行仿真分析。

1. 模型介绍

（1）STATCOM 控制模型。仅考虑 STATCOM 控制模型，采用我国实际系统仿真中常用的控制模型，如图 4-1 所示。

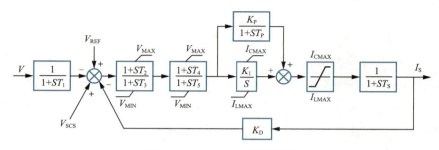

图 4-1　STATCOM 控制模型

图 4-1 中，V 为 STATCOM 节点电压；V_{REF} 为 STATCOM 节点参考电压；V_{SCS} 为辅助信号；T_1 为滤波器和测量回路的时间常数；T_2 为第一级超前时间常数；T_3 为第一级滞后时间常数；T_4 为第二级超前时间常数；T_5 为第二级滞后时间常数；T_P 为比例环节时间常数；K_P 为比例环节放大倍数；K_1 为积分环节的放大倍数；T_S 为 STATCOM 响应延迟；K_D 为 STATCOM 的 V-I 特性曲线的斜率，必须大于或等于 0；V_{MAX} 为电压限幅环节的上限；V_{MIN} 为电压限幅环节的下限；I_{CMAX} 为最大容性电流；I_{LMAX} 为最大感性电流。

STATCOM 辅助信号 V_{SCS} 控制模型如图 4-2 所示。K_{S1} 为第一级测量回路增益；K_{S2} 为第二级测量回路增益；K_{S3} 为增益；T_{S7} 为第一级输入滤波器的滞后时间常数；T_{S10} 为第二级入滤波器的滞后时间常数；T_{S8} 为第一级超前时间常数；T_{S9} 为第一级滞后时间常数；T_{S11} 为第二级超前时间常数；T_{S12} 为第二级滞后时间常数；T_{S13} 和 T_{S15} 为超前时间常数；T_{S14} 和 T_{S16} 为滞后时间常数；A' 为超前识别码；B' 为滞后识别码；V_{SCSMAX} 为最大信号；V_{SCSMIN} 为最小信号。

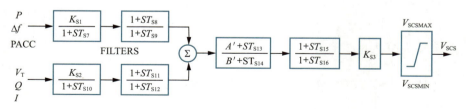

图 4-2　STATCOM 辅助信号 V_{SCS} 控制模型

（2）静态负荷模型。仿真分析中采用静态负荷模型，对应于 PSD-ST 暂态稳定程序中的 LB 卡。

2. 原系统频率振荡分析

仿真采用云南电网某年汛期大方式数据，在原 BPA 数据中，云南电网中不存在 STATCOM，为验证动态无功补偿附加控制对频率振荡的影响，分别在云南电网的母线墨江（MJ50）、和平、（HP50）、多乐（DLE50）、七甸（QD50）、红河（HH50）、龙海（LH50）接入 STATCOM，额定容量为 300Mvar。

在 PSD-ST 暂态稳定程序中进行时域仿真，施加楚穗直流传输功率提升 600MW 的直流功率变化扰动，得到各发电机时域仿真曲线。图 4-3 展示了其中 30 台发电机的转速偏差时域仿真曲线。由图 4-3 可知，云南电网发电机共同振荡符合频率振荡的特征。利用 PSD-SSAP 程序进行小扰动计算，得到频率振荡为 0.049Hz。此时频率振荡的模态图如图 4-3 所示，所有发电机共同振荡。

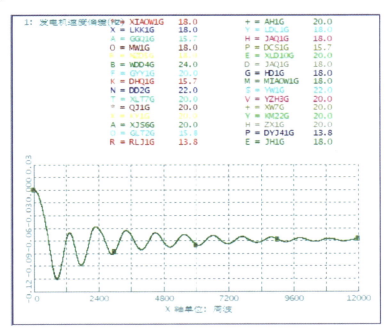

图 4-3　云南电网发电机转速偏差时域仿真曲线

3. STATCOM 增加附加控制后频率振荡分析

对接入母线墨江（MJ50）、和平、（HP50）、多乐（DLE50）、七甸（QD50）、红河（HH50）、龙海（LH50）的 STATCOM 增加以 Δf 为输入辅助信号 V_{SCS}，控制模型参考图 4-2。

在 PSD-ST 暂态稳定程序中进行时域仿真，施加楚穗直流传输功率提升

600 MW 的直流功率变化扰动，得到各发电机时域仿真曲线。图 4-4 展示了其中 30 台发电机的转速偏差时域仿真曲线。STATCOM 有无附加控制的发电机转速偏差时域仿真曲线对比如图 4-5 所示。由图 4-5 可知，在增加 STATCOM 附加控制后，系统频率振荡衰减速度更快，说明增加以 Δf 为输入的附加控制环节有利于抑制系统频率振荡。

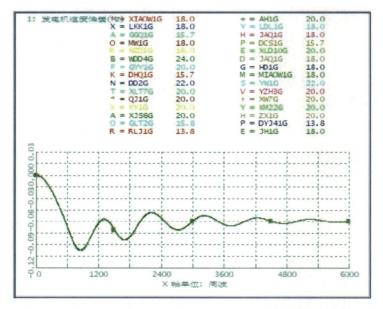

图 4-4　增加附加控制后云南电网发电机转速偏差时域仿真曲线

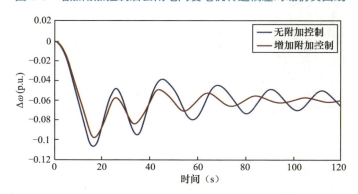

图 4-5　STATCOM 有无附加控制的发电机转速偏差时域仿真曲线对比

需要说明的是，此时系统频率振荡与时域仿真结果明显不符，分析是由于现阶段小干扰稳定计算程序 PSD-SSAP 中未计入 STATCOM 辅助信号控制模型，故计算结果不能作为此时频率振荡特征值的参考。

4. 不同位置 STATCOM 对频率振荡的影响

对大电网中可以配置 STATCOM 的多个站点，需分析不同位置的 STATCOM 对频率振荡模式的影响，以指导电网措施的具体实施。

在 PSD-BPA 潮流程序中，将云南电网的恒功率有功负荷修改为 40% 恒功率负荷和 60% 恒阻抗负荷，分别将各 STATCOM 控制母线无功负荷增加 10Mvar，可得到云南电网有功负荷的变化量，从而得到不同位置 STATCOM 参数变化对频率振荡阻尼的灵敏度，见表 4-1。

表 4-1　　　　　不同位置 STATCOM 参数变化对频率振荡的灵敏度

母线	容量（Mvar）	灵敏度
MJ50	300	0.02
HP50	300	0.01
DLE50	300	0.01
QD50	300	0.02
HH50	300	0.02
LH50	300	0

由于仅对一条母线的无功负荷增加一小增量，故引起的全网有功负荷变化不会太大，而输出有功负荷仅保留一位小数，因此表 4-1 的灵敏度计算结果存在一定误差，只能根据灵敏度大小划分不同位置 STATCOM 对频率振荡的影响等级，相同等级不能进一步区分对频率振荡影响的相对大小。根据表 4-1 的计算结果，接入母线 MJ50、QD50、HH50 的 STATCOM 对频率振荡的影响最大，接入母线 HP50、DLE50 的 STATCOM 对频率振荡的影响次之，接入母线 LH50 的 STATCOM 对频率振荡的影响最小。

分别对接入不同母线的 STATCOM 增加以 Δf 为输入辅助信号 V_{SCS}，在 PSD-ST 暂态稳定程序中进行时域仿真，施加楚穗直流传输功率提升 600 MW 的直流功率变化扰动，得到各发电机时域仿真曲线。图 4-6 展示了不同位置 STATCOM 增加附加控制后发电机转速偏差时域仿真曲线。由时域仿真结果可知，接入不同母线的 STATCOM 对频率振荡影响的大小为：QD50≈MJ50＞HH50＞DLE50＞HP50＞LH50，与根据表 4-1 灵敏度划分的影响等级一致，验证了评估不同位置 STATCOM 对频率振荡影响的大小的结论。

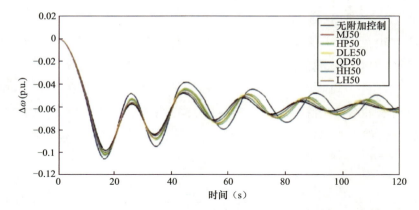

图 4-6　不同位置 STATCOM 增加附加控制后发电机转速偏差时域仿真曲线

4.2.3　PSS 优化控制抑制频率振荡研究

1. 原系统频率振荡模式

仿真采用云南电网某年汛期大方式数据，适当增大大功率机组的水启动时间使频率振荡现象明显，以便于观察。对云南电网施加直流功率变化的扰动，具体扰动为楚穗直流传输功率 30s 提升 600MW，在 PSD-ST 暂态稳定程序中进行时域仿真，得到各发电机时域仿真曲线。图 4-7 展示了其中 30 台发电机转速偏差时域仿真曲线。

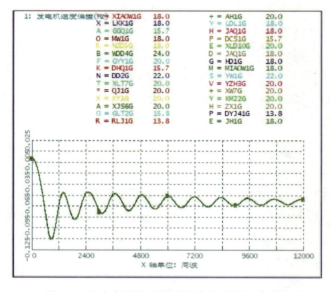

图 4-7　云南电网发电机转速偏差时域仿真曲线

在电力系统小干扰稳定分析软件（PSD-SSAP）中进行特征值计算，得到此时云南电网的频率振荡模式振荡频率为 0.048Hz，与实际云南电网频率振荡的频率相近。

2. 待优化 PSS 选址与 PSS 优化模型

大电网中存在大量发电机，应选择对频率振荡影响较大的发电机 PSS 进行优化，可采用多机系统中同时考虑低频振荡和频率振荡的待优化 PSS 的选择方法，计算各发电机 PSS 参数变化对频率振荡阻尼的灵敏度，选择灵敏度较大的发电机 PSS 进行优化。对于小水电众多的云南电网，为节省计算时间，重点选取发电量 100MW 以上的发电机进行灵敏度的计算。

在 PSD-BPA 潮流程序中，将云南电网的恒功率负荷修改为 40% 恒功率负荷和 60% 恒阻抗负荷，分别将各发电机母线额定电压增加 1%，可得到云南电网有功负荷的变化量，从而得到各发电机 PSS 参数变化对频率振荡阻尼的灵敏度。对发电量 100MW 及以上发电机的灵敏度大于 0.3 及以上的发电机进行 PSS 参数优化。由于仅改变一发电机母线额定电压引起的全网有功负荷变化不会太大，而输出有功负荷仅保留一位小数，因此的灵敏度计算结果存在一定误差，但依然能代表各发电机 PSS 对频率振荡阻尼影响的相对大小。

由于所选发电机众多，对单台发电机 PSS 参数使用改进的 PSO 算法优化模型进行优化。

通过 PSS 优化模型对相关发电机 PSS 进行优化后，同样对云南电网施加楚穗直流传输功率 30s 提升 600MW 的直流功率变化扰动，得到优化参数下发电机转速偏差时域仿真曲线，如图 4-8 所示。原始参数和优化参数下发电机转速偏差曲线对比如图 4-9 所示。由图 4-9 可知，相较于原始参数，在优化参数下，系统频率振荡幅值的衰减速度明显提升，说明提出的大电网中 PSS 优化模型能有效抑制频率振荡。

利用 PSD-SSAP 程序计算得到此时系统频率振荡的特征值，与原始参数下系统频率振荡的特征值相比较，见表 4-2。由特征值计算结果可知，相较于原始参数，在优化参数下系统频率振荡的阻尼比显著增加，与图 4-9 所示的时域仿真结果相符，说明所使用的 PSS 优化模型能有效提高频率振荡的阻尼比，为大电网中抑制频率振荡提供一种新的方法。

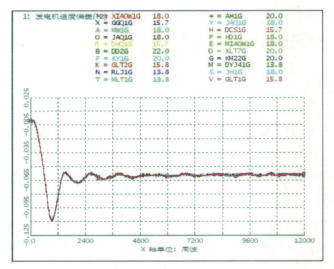

图 4-8　优化参数下云南电网发电机转速偏差时域仿真曲线

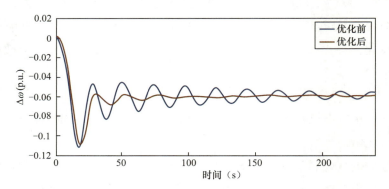

图 4-9　原始参数和优化参数下发电机转速偏差曲线对比

表 4-2　　　　　　　原始参数和优化参数下频率振荡的特征值

项目	特征值	频率（Hz）	阻尼比
原始参数	0.022+0.299i	0.048	−0.073
优化参数	−0.006+0.268i	0.043	0.023

4.3　直流功率调节

交直流混合系统中利用直流功率快速控制功能可有效提升系统稳定性，其中直流频率限制控制（FLC）作为重要的频率稳控措施，可在系统频率变化时实现直流功率大范围调节，且响应速度快（毫秒级），能够快速抑制频率上升或跌落，并对频率低频波动提供良好的正阻尼作用，对于系统频率稳定发挥着极其重要的作用。

目前直流 FLC 控制仅在单回直流送端孤岛调试、运行中予以应用，国外也鲜有实际应用报道，对于应用于云南电网这类大型省级电网尚无深入研究及实际运行经验，因此有必要对大电网多回直流 FLC 应用问题进行深入分析，对 FLC 功能与其他调频措施配合原则、调节范围、死区、调节量安全边界、直流过负荷能力等问题开展全面分析，提出解决方案，以充分发挥直流 FLC 功能对系统频率稳控的作用。

4.3.1　直流 FLC 控制原理

为实现直流功率—频率的实时动态调节，控制系统实时监测换流站母线频率，当频率超过设定上下限后，经过比例—积分（PI）控制器计算出直流功率调节量，进而动态调整直流功率。直流整流、逆变两侧换流站均配置有 FLC 功能，可选择投 / 退。两侧控制原理相同，但控制量方向相反，即整流侧频率升高时直流功率提升，频率降低时直流功率下降；而逆变侧则正好相反。在直流运行中，逆变侧将控制量送至整流站进行叠加处理，因此，当直流整流、逆变侧均处于同一个同步电网中时，两侧频率变化趋势一致，FLC 控制量始终为零；对于两侧处于不同电网时，则可形成频率—功率的闭环控制，从而有效控制系统频率。

以整流侧为例，直流 FLC 控制原理如图 4-10 所示。

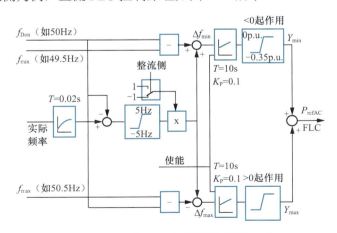

图 4-10　直流 FLC 控制原理（整流侧）

4.3.2　直流 FLC 应用总体原则

根据《电力系统安全稳定控制技术导则》（GB/T 26399—2011），电力系统频率预防控制及防止失稳的紧急控制措施包括增减机组出力、机组快速启动、机组一次调频、稳控切机、高频切机及直流调制等多种控制措施，因此直流 FLC 等调制功能可作为系统频率稳控的重要措施。但同时，直流输电系统作为南方电网西电东送通道的重要组成部分，首先应承担输送电力的基本功能，直流 FLC 功能应尽可能不影响直流输电系统正常送电计划的实施，不宜作为系统正常运行的调频措施，以免造成送电计划实施、调控困难。直流 FLC 与正常送电及其他调频措施配合原则如下：

（1）正常运行时，应充分发挥机组启停、出力调节及一次调频能力，减少负荷正常波动过程中频率越限，尽可能避免直流 FLC 动作。

（2）系统发生送端电网机组跳闸、直流闭锁及受端电网短路故障引发多回直流换相失败等大扰动情况下，充分发挥送端直流 FLC 调节范围宽、调节速度快等优势，协同机组一次调频、稳控及高频切机措施，快速抑制频率上升、下降幅度；FLC 动作速度快、可靠性高且为动态闭环控制，FLC 应作为频率稳定第一道防线的重要措施，在发生机组跳闸、直流单极闭锁等故障情况下保障频率稳定；对于发生双极闭锁、多回直流闭锁等严重或多重严重故障，FLC 控制应作为第二、三道防线的重要补充，有效改善系统频率稳定特性；第二、三道防线措施核算也需考虑直流 FLC 动作量，合理安排控制量。

（3）云南电网与南方电网主网异步联网后，直流受端电网装机及负荷规模均远大于送端电网，根据核算，现有系统调频备用安排及安全稳定防线配置可满足受端电网频率稳定运行要求，同时为简化送、受端电网调频措施配合，在异步联网运行中仅投入送端电网（云南电网侧）FLC、退出受端电网（南方电网主网侧）FLC。

（4）直流输电系统正常可按满负荷送电，FLC 调节应尽可能利用直流短时过负荷能力。此外，为实现在调度人员完成故障判别处理前有效控制系统频率，FLC 发挥稳态调节能力的时间应不少于 15min。

4.3.3　直流 FLC 应用相关问题分析

为更好发挥直流 FLC 功能对云南电网频率稳控的作用，需结合实际电网情况，详细分析、解决直流 FLC 调节范围、动作死区及需求量等问题。

1. 直流 FLC 调节范围

根据直流控制系统设计规范，直流 FLC 调节范围设置有上下限，其中上限一般为 $0 \sim 0.3$p.u.，下限一般为 $-0.5 \sim 0$p.u.，调节上下限的选定需综合考虑以下因素：

（1）直流控制系统快速调节及过负荷能力。南方电网直流工程调试期间，现场开展了 0.5p.u. 的电流阶跃试验，具备快速向下调节 0.5p.u. 功率的能力；对于向上调节能力，需考虑直流换流站无功电压支撑能力及直流过负荷能力。因滤波器无法快速投入，若调节范围过大则可能导致换流站母线（电压 / 频率 / 功率）大幅跌落，不利于直流提升负荷；同时，因网内直流工程短时（2h）过负荷能力均按照 1.2 倍设计，直流额定功率运行时具备最大向上 0.2p.u. 的稳态调节能力，且如超过 1.2p.u. 将进入 3s 过负荷能力，持续 3s 后将直接进入 1.1p.u. 长期过负荷能力，反而不利于系统频率恢复。

（2）直流接入局部电网网架特性。网内部分直流送端接入网架较为薄弱，如牛从直流送端昭通地区与主网联系薄弱，FLC 大范围调节导致直流功率转移至交流断面可能导致地区电网断面过载。

2. 直流 FLC 死区设置

根据直流 FLC 与机组一次调频协调配合原则，直流 FLC 死区应大于机组一次调频死区。在系统功率波动期间，如果直流 FLC 死区加大，将影响直流 FLC 调节对于受端电网频率、电压波动的阻尼效果，根据理论分析及实际试验情况，如果电压波动达到 20kV，将可能引发换流站滤波器频繁投切等其他问题，影响直流及系统的安全运行。

3. 直流过负荷

根据《±800kV 高压直流输电系统成套设计规程》（DL/T 5426—2009）等标准的要求，直流系统应具备一定的过负荷能力，并且明确提出了 3s、短时（2h）和长期过负荷能力要求。但现阶段直流输电系统实际运行环境温度与设计环境温度的偏差、实际过负荷能力验证困难成为制约直流输电系统过负荷能力的关键因素，部分直流输电系统实际过负荷能力难以达到设计要求，进而导致运行中过负荷能力及直流 FLC 向上调节能力存在较大不确定性，对电网调度运行带来较大困难。为确保后续直流工程过负荷能力满足运行要求，一方面需要在设计阶段充分考虑环境温度与现场设备运行温度的差异，明确设备实际运行温度边界条件；另一方面需要深入研究直流设备过负荷能力测试方案和标准，确保直流设备过负荷能力满足设计要求。

4. 受端电网投入 FLC 可行性分析

以云南电网与南方电网主网异步联网为例，根据前述 FLC 应用总体原则，因送端电网负荷规模远小于受端电网，且受端电网调频备用安排及安全稳定防线配置可满足频率稳定运行要求，南方电网主网暂未投入 FLC 控制。如单回直流规模扩大或受端电网的调频能力不足时，可以考虑受端电网投入 FLC 控制。当受端电网发生发电厂全停等大功率缺额导致频率大幅跌落时，可有效提升系统频率。以南方电网主网某发电厂 4900MW 全停为例，受端电网有无FLC 的系统频率仿真曲线对比如图 4-11 所示。

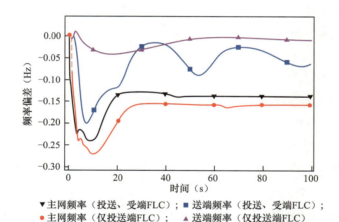

▼主网频率（投送、受端FLC）；　■送端频率（投送、受端FLC）；
● 主网频率（仅投送端FLC）；　▲送端频率（仅投送端FLC）

图 4-11　受端电网有无 FLC 的系统频率仿真曲线对比

由图 4-11 可见，在直流 FLC 为 2000MW 的边界条件下，同时投入送、受端 FLC，受端电网频率跌落幅度由 0.27Hz 减小至 0.24Hz，送端电网频率则最低跌落 0.20Hz。因此，通过直流 FLC 可在一定程度上利用送端电网机组一次调频能力实现全网一次调频备用容量的共享，但送端电网一次调频支援能力受送端电网机组一次调频备用容量及 FLC 调节能力约束。对于送端电网规模与受端电网规模相当且 FLC 调节能力充足的情况下，投入受端 FLC，能够较好改善受端电网频率特性。

4.3.4　实例分析

云南电网与南方电网主网异步联网试验及运行期间，多次遭受直流单极、双极闭锁故障冲击，其中以 2016 年 4 月 26 日楚穗直流 2500MW 单极闭锁后云南电网功率过剩最大（直流双极闭锁后因采取送端稳控切机措施，系统功率过剩反而减小），系统频率最高达到 50.42Hz，基于该闭锁故障后现场实际 PMU 录波，以普侨直流和牛从直流为例，分析其动态响应特性。

楚穗直流单极闭锁普侨、牛从直流功率 PMU 波形图如图 4-12 所示，根据现场录波数据，楚穗直流单极闭锁后，普侨、牛从直流 FLC 快速、大幅向上调节，最大调节量均达到限幅值上限（0.2p.u.）（其中，普侨直流单极额定功率 2500MW，上调约 500MW；牛从直流双极额定功率 6400MW，上调 1280MW），能够有效抑制频率上升幅度，但两者动态响应过程上存在较大差异。

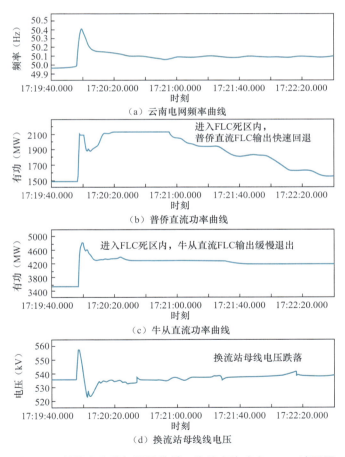

图 4-12　楚穗直流单极闭锁普侨、牛从直流功率 PMU 波形图

（1）频率越限后，普侨直流达到限幅值时间较长（保持上限时间超 60s），在达到限幅值期间，云南电网机组在频率突升过程中因 PSS 反调作用降低励磁系统输出电压，导致云南电网主要厂站电压存在明显跌落，进而导致直流功率存在下陷区域，而牛从直流达到限幅后快速下降至较低水平。

（2）频率进入死区（±0.1Hz）后，普侨直流 FLC 调制量快速回退至零；而牛从直流回退速度较慢，且回退过程中一旦频率偏差超过死区，直流功率即暂停回退。

经查阅现场实际直流控制系统程序，发现因普侨直流、牛从直流 FLC 基本控制原理不同，其 FLC 控制主环逻辑存在较大差异，分别如图 4-13 和图 4-14 所示。

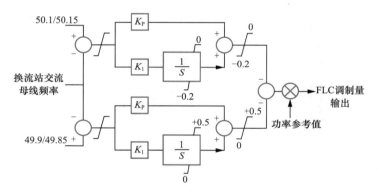

图 4-13 普侨直流 FLC 控制主环

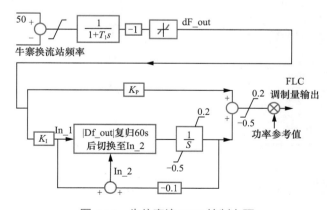

图 4-14 牛从直流 FLC 控制主环

　　普侨直流 FLC 控制主环设置 2 个 PI 环节同时计算 FLC 正向或负向调节量，通过限幅值实现最终有效输出。当频率进入死区后，直接对 2 个积分器叠加反向量而实现快速复归清零。而在牛从直流 FLC 控制中，频率正向越限和反向越限的调制量共用积分器，当频率进入死区后，积分器需通过 0.1 倍负反馈系数进行缓慢清零。

　　因此，在频率越限动态过程中，普侨直流在频率越限（FLC 死区）后能够较长时间保持大调制量，有助于缩短频率越限的时间，可为常规水电、火电机组一次调频动作争取时间；同时，普侨直流在频率进入 FLC 死区后能够快速返回，可在一定程度上降低直流整体过负荷运行时间。

第 **5** 章

电力系统异步联网运行安全稳定控制技术

"十二五"期间，云南电网与南方电网主网通过交直流并联方式联网，网架结构如图 5-1（a）所示，"十三五"初期，云南电网与南方电网主网互联的500kV 罗平交流断面和砚山—武平交流断面相继开断，云南 ±500kV 金中直流、永富直流、鲁西背靠背直流投产，云南电网通过多回直流与南方电网主网异步互联运行，网架结构如图 5-1（b）所示。

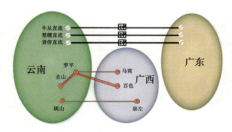

（a）云南电网与南方电网主网交直流并联

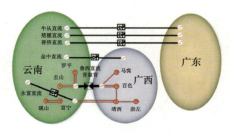

（b）云南电网与南方电网主网交直流异步互联

图 5-1　云南电网与南方电网主网异步互联前后的交直流网架结构

当直流送受端换流站所接入交流电网为异步互联时，由于各种原因引起的直流功率短时 / 永久功率损失将直接作用于各个异步交流电网，全局性的功角稳定问题转变为异步互联交流电网的频率稳定问题。

云南电网与南方电网主网异步联网后，解决了南方电网"强直弱交"带来的一系列系统失稳问题，如云南电网直流双极闭锁稳控切机措施拒动；两回及以上云南电网外送直流同时单极闭锁故障；云南电网外送直流双极闭锁组合故障，以及单极和双极闭锁组合故障；受端广东电网交流严重故障（单相短路单相开关拒动故障）造成多回直流持续换相失败导致系统失稳的风险；云南电网与广东、贵州电网的区间振荡风险等。异步联网后可以更好地解决直流送端频率、受端电压稳定问题，云南电网与南方电网主网异步联网前后系统稳定特性变化如图 5-2 所示。

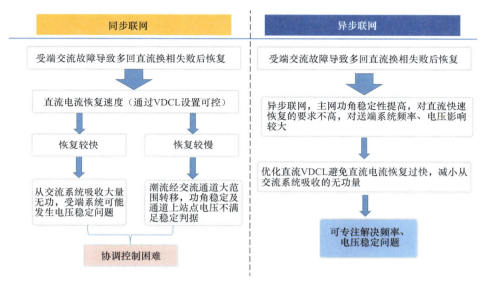

图 5-2　云南电网与南方电网主网异步联网前后系统稳定特性变化

云南电网与南方电网主网异步联网后，从直流相关的频率控制手段的角度开展了大量研究与实践，包括直流 FLC 调节优化、直流功率快速升降、高周切机 / 低周减载优化配置等，建立了频率控制的三道防线体系。在国内其他电网中，为了解决直流送受端换流站接入的交流电网为异步互联运行时的频率稳定问题，也相继构建了区域性的系统保护。如华东电网构建了频率紧急协控系统，在直流发生闭锁或功率紧急速降低后，通过直流紧急提升、切除抽水蓄能电厂水泵机组、切除省级电网可中断负荷等一系列协调控制措施，以及优化第三道防线低频减载配置，确保系统发生严重故障后不出现频率崩溃的大面积停电风险。近二十年来，我国电网未发生过大的系统性事故，电力系统三道防线专业分工明确、相互独立，按照事故严重程度递进开展防御，长期以来保障了电网安全。

（1）第一道防线：预防性控制、继电保护等措施，为第一级安全稳定标准。

（2）第二道防线：稳控装置，切机切负荷、直流紧急功率控制措施等，为第二级安全稳定标准。

（3）第三道防线：失步解列、频率及电压紧急控制策略，为第三级安全稳定标准。

三道防线专业分工明确、相互独立，按照事故严重程度递进开展防御。为此，云南电网与南方电网主网异步联网后，在直流协调控制、区域稳控、高周切机、低频低压减载、失步振荡解列等措施上，根据以上各种频率控制措施的优缺点，制定了适宜于云南电网与南方电网主网异步联网的控制原则，并在近几年的电网实际运行中发挥了重要作用，形成了云南电网的频率稳定、功角稳定等三道防线控制体系。

异步联网下的频率稳定三道防线控制体系如图 5-3 所示。

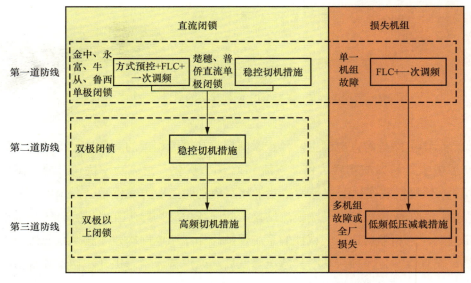

图 5-3　异步联网下的频率稳定三道防线控制体系

异步联网下的功角稳定三道防线控制体系如图 5-4 所示。

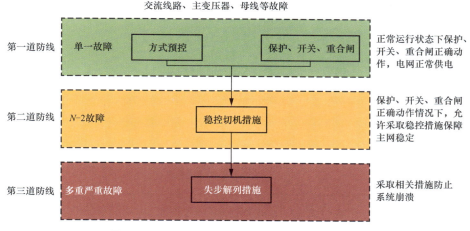

图 5-4　异步联网下的功角稳定三道防线控制体系

5.1　第一道防线控制技术

本节以云南电网与南方电网主网异步联网为例，介绍异步联网运行后的预防性控制，主要包括机组参数频率控制、直流功率频率控制等内容。

5.1.1　机组参数控制优化

云南电网与南方电网主网异步联网运行后，成为一个典型水电机组高占比电网。运行经验表明，水电机组高占比电网频率稳定问题突出，若一次调频配置不当将极易引起电网频率的超低频振荡。

发电机调速系统是主要由调速器和被控系统组成的闭环系统。调速器由用来检测转速偏差，并将其按一定的特性转换成主接力器行程偏差的装置组合而成。被控系统由原动机、发电机以及电网组成。发电机组调速系统原理图如图 5-5 所示。当电网功率不平衡时，发电机转速出现偏差，测量机构检测到这一速度偏差量，通过控制机构进行特性转换，并输出到执行机构，执行机构调节原动机转矩，进而调节发电机的出力，最终实现电网的频率调整。

水轮机通过改变导水机构开度来控制流量大小，进而改变输出转矩。由于水锤效应影响，当水轮机阀门突然增大时，水轮机转矩不会立即增大，而是先减小，经过一定时滞后才逐渐增大，反之亦然。考虑水锤效应，比较典型的水

轮机功率调节传递函数为

$$G(s) = \frac{1 - sT_W}{1 + 0.5sT_W}$$（5-1）

式中　T_W——水锤时间常数，一般为 0.5 ～ 5s。

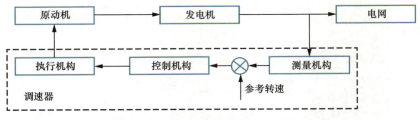

图 5-5　发电机调速系统原理图

汽轮机通过改变汽阀位置来调节进气量，进而改变输出转矩。由于汽容效应影响，当汽门开度增大或者减小时，汽轮机转矩将滞后于汽门开度的变化。考虑汽容效应，比较典型的无再热型汽轮机的功率调节传递函数为

$$G(s) = \frac{1}{1 + sT_T}$$（5-2）

式中　T_T——汽容时间常数，一般为 0.1 ～ 0.3s。

从式（5-1）和式（5-2）所示的传递函数中可以看出，水轮机功率调节属于非最小相位环节，输出量相比于输入量存在较大的相位滞后，不利于整个调速系统的稳定；汽轮机功率调节属于最小相位环节，输出量相比于输入量也存在一定的相位滞后，但相比于水轮机一般要小。

由于水轮机与汽轮机功率调节特性的差异，水电机组和火电机组调速系统的功率调节特性也不同。以图 5-6 所示的单机无穷大系统仿真模型为例分析，通过改变调速器的频率给定研究水电机组和火电机组调速系统的功率调节特性。图 5-6 中，测试机组发电功率为 700MW，其所发功率全部为无穷大母线所吸收。调速器的频率给定呈上阶跃特性，$t < 2s$ 时频率给定为 50Hz，$t \geq 2s$ 时频率给定为 50.2Hz。

图 5-6　单机无穷大系统仿真模型

在实际电网中，汽容时间常数 T_T 一般为 0.1～0.3s，水锤时间常数 T_W 一般为 0.5～5s。分别取极限情况 T_T=0.1、T_T=0.3、T_W=0.5、T_W=5，水电机组与火电机组功率调节特性对比如图 5-7 所示。从图 5-7 中可以看出，对于频率的上阶跃变化，水电机组功率调节滞后于频率变化，并且在初始阶段存在反调现象。随着 T_W 值增大，机械功率反调的强度和持续时间都逐渐加大。在实际电网中，不同机组间由于 T_W 值相差较大，功率调节特性存在较大差异。对于频率的上阶跃变化，火电机组机械功率调节也滞后于频率变化，但不存在功率反调现象。随着 T_T 值增大，火电机组机械功率调节的滞后特性愈加明显。在实际电网中，不同火电机组间由于 T_T 值相近，功率调节特性总体相差不大。

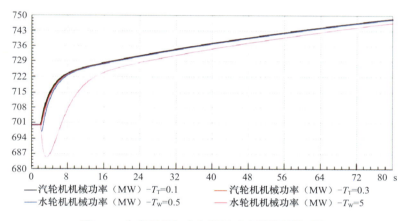

图 5-7　水电机组与火电机组功率调节特性对比

在实际系统中，大型水电机组的水锤时间常数一般较大，由于水锤效应导致的功率反调现象显著，水电机组调速系统对频率振荡的负阻尼作用较强，总体阻尼特性容易表现为负阻尼，不利于系统频率稳定。火电机组的汽容时间常数一般较小，由于汽容效应导致的功率调节滞后现象不明显，火电机组调速系统对频率振荡的负阻尼作用较弱，总体阻尼特性一般为正，有利于系统频率稳定。

调速器 PID 控制结构上，水轮机调速器的控制机构一般采用 PID 控制。一种典型的水轮机调速器 PID 控制结构框图如图 5-8 所示。其中，K_P 为比例调节系数；$\dfrac{sK_D}{1+sT_D}$ 为微分环节，K_D 为微分调节系数，T_D 为微分时间常数；$\dfrac{K_I}{s}$ 为积分环节，K_I 为积分调节系数；X 表示 PID 控制的输入；Y 表示 PID 控制的输出。

水电机组调速系统对频率振荡的阻尼作用与接入系统强度密切相关。接入强系统时呈正阻尼的水电机组，在接入弱系统时若保持调速系统参数不变，其

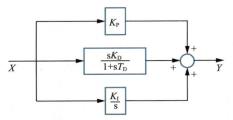

图 5-8　一种典型的水轮机调速器 PID 控制结构框图

对频率振荡可能呈负阻尼。调速器 PID 控制有比例调节系数 K_P、微分调节系数 K_D、积分调节系数 K_I 等关键参数，下面分析各参数对电网频率振荡的影响。

1. 比例调节系数 K_P

仿真设置：等值机组动能为 30000MW·s，初始出力为 −700MW，在 1 个周期内功率变化为 −686MW；测试机组的水锤时间常数为 2.0s，调速器转速调节死区 0.05Hz，$K_I=0.25$，$K_D=1$。测试机组调速器 K_P 分别取值 1、4、8、32 情况下，调速器 K_P 参数对频率振荡的影响如图 5-9 所示。

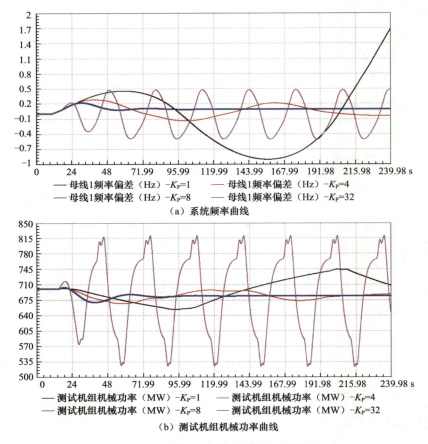

（a）系统频率曲线

（b）测试机组机械功率曲线

图 5-9　调速器 K_P 参数对频率振荡的影响

从图 5-9 中可以看出，当 K_P=1 时，系统频率呈发散振荡；随着 K_P 的增大，频率稳定性得到改善，在 K_P=8 时，系统频率经过短暂波动后维持恒定；但当 K_P 进一步增大（K_P=32）时，系统频率呈周期性的等幅振荡，并且 K_P 值越大，振荡周期越短、振荡幅度越大。

在 PID 控制中，K_P 的作用主要是保证控制强度。在 K_P 取值过小时，系统机械功率与电磁功率长时间存在较大缺额，导致频率发散振荡。在 K_P 值过大时，PID 控制调节强度过大，会造成严重超调，引起系统频率周期性等幅振荡。因此，为优化 PID 控制效果，K_P 取值一方面不能太小，以保证机组功率调节能力满足频率调整需求；另一方面也不能太大，以保证不会引起系统频率振荡。

2. 微分调节系数 K_D

仿真设置：等值机组动能 30000MW·s，初始出力为 –700MW，在 1 个周期内功率变化为 –686MW；测试机组的水锤时间常数为 2.0s，调速器转速调节死区 0.05Hz，K_P=8，K_I=0.25。测试机组调速器 K_D 分别取值 0、1、16、64 情况下，调速器 K_D 参数对频率振荡的影响如图 5-10 所示。

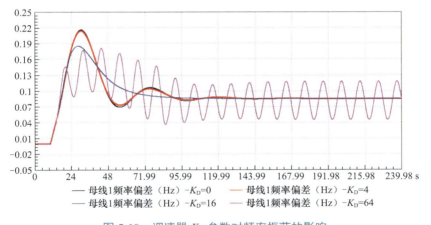

图 5-10　调速器 K_D 参数对频率振荡的影响

从图 5-10 中可以看出，K_D 值的增加（K_D=0、1、16）有利于减少频率波动时间、降低频率波动幅度。当 K_D 值增加到很大（K_D=64）时，系统频率将出现周期振荡。

在 PID 控制中，微分环节具有相位超前特性，其主要作用是改善频率动态性能，减少频率波动时间、降低频率波动幅度。考虑到 K_D 过大时也会引起频率振荡，并且当系统高频噪声较多时情况更为恶劣。因此，为优化 PID 控制效果，可适当增大 K_D 值，但不能过大。

3．积分调节系数 K_I

仿真设置：等值机组动能为 30000MW·s，初始出力为 −700MW，在 1个周期内功率变化为 −686MW；测试机组的水锤时间常数为 2.0s，调速器转速调节死区 0.05Hz，$K_P=8$，$K_D=1$。测试机组调速器 K_I 分别取值 0、0.25、2、8情况下，调速器 K_I 参数对频率振荡的影响如图 5-11 所示。

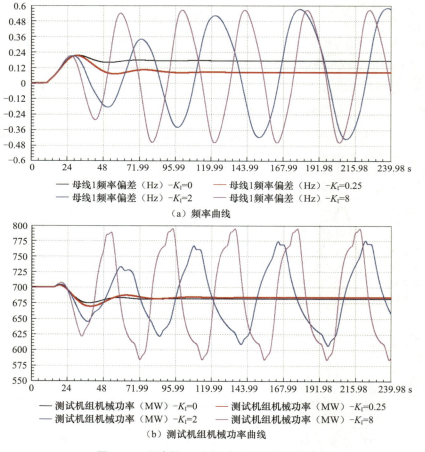

（a）频率曲线

（b）测试机组机械功率曲线

图 5-11 调速器 K_I 参数对频率振荡的影响

从图 5-11 中可以看出，在 $K_I=0$ 时，系统频率经过短暂振荡后趋于稳定，但稳态误差较大；随着 K_I 值的提高（$K_I=0.25$），测试机组机械功率反调加强，系统频率振荡幅度和持续时间较 $K_I=0$ 时稍长，但仍然具有良好的稳定性能，且稳态误差较 $K_I=0$ 时明显降低；当 K_I 进一步增大（$K_I=2$、8）时，测试机组机械功率反调显著，系统频率持续振荡。

在 PID 控制中，积分环节的作用主要是消除稳态误差。由于积分环节属于滞后环节，其会在一定程度上恶化系统频率的动态性能。因此，为优化 PID 控制效果，K_I 取值一方面不能太小，以保证频率稳态误差满足需求；另一方面也不能太大，以保证良好的频率动态性能，严格防止出现频率振荡。

4. 云南电网实例分析

根据上述分析，云南电网一次调频参数优化的关键在于减少水电机组提供的负阻尼作用，提高 PID 控制的稳定性能。减小 K_P 值、减小 K_I 值和增大 K_D 值是三种可供选择的 PID 参数优化方案。其中，减小 K_P 值存在频率调节能力不足的问题，减小 K_I 值存在稳态误差增大的问题，但考虑到 FLC 和 AGC 的频率调节作用，这些问题总体影响不大；相较而言，增大 K_D 值存在抗高频扰动减弱的问题，通过其他现有手段难以消除其影响。因此，云南电网一次调频优化措施主要考虑减小 K_P 值和减小 K_I 值，异步联网后云南电网部分机组调速器 PID 参数优化表见表 5-1。

表 5-1　异步联网后云南电网部分机组调速器 PID 参数优化表

水电站名称	机组编号	容量（MW）	K_P		K_I		K_D	
			优化前	优化后	优化前	优化后	优化前	优化后
小湾电厂	1	700	4	2	2	0.25	1	1
小湾电厂	2～6	700	4	2	3	0.375	1	1
糯扎渡电厂	1～9	650	4	2	3	0.37	1	1
漫湾电厂	2	250	3	2	4	0.63	1	1
漫湾电厂	3	250	4	2	2	0.63	3.5	1
漫湾电厂	4	250	4	2	10	1.25	1	1
漫湾电厂	5	250	3	1.5	5	0.63	2	2
漫湾电厂	8	120	8	6	0.2	0.5	0	0
梨园电厂	3～4	600	4	2	3	0.38	1	1
阿海电厂	1	400	5	2.5	5	0.6	1	1
阿海电厂	2～5	400	5	2.5	4	0.5	1	1
鲁地拉电厂	1～6	360	5	2.5	4	0.5	1	1
景洪电站	1	350	5	2.5	3.5	0.438	0	0
景洪电站	2～3	350	3	1.5	2	0.25	0	0
景洪电站	5	350	4	2	3	0.375	0	0

　　水轮发电机组调速系统的调频特性与水轮机功率调节特性、调速器 PID 控制特性、系统动能等密切相关，合理的调速器 PID 参数是改善水轮机调速系统调频特性的关键。高比例水电送出电网与传统火电为主的大电网在系统动能、发电机组功率调节特性等方面发生了巨大的变化，为保证电网频率调节的优良性能，调速器 PID 参数的整定原则和整定方法也需要进行相应的调整。通过仿真测试得到的结论主要如下：

　　（1）水轮机功率调节特性。水锤效应会导致水轮机机械功率出现反调，恶化发电机组的频率调节性能。水锤时间常数越大，水轮机机械功率反调强度越大、持续时间越长，对发电机组频率调节性能的影响越大。

　　（2）调速器 PID 控制特性。增大 K_I 值，会使得 PID 控制对输入量的响应速度变慢，响应强度变化取决于微分环节和积分环节合成输出的初始相位以及 K_I 值增大幅度。增大 K_D 值，会使得 PID 控制对输入量的响应速度变快，响应强度变化取决于微分环节和积分环节合成输出的初始相位和 K_D 值增大幅度。增大 K_P 值，会使得 PID 控制对输入量的响应强度增大，响应速度变化取决于微分环节和积分环节合成输出的相位。

　　（3）调速器 PID 控制效果。为优化调速系统频率性能，K_I 取值不能太小，以保证频率稳态误差满足需求；同时也不能太大，以保证良好的频率动态性能，防止出现频率振荡。K_D 取值可适当增大，但不宜过大。K_P 取值不能太小，以保证机组功率调节能力满足频率调整需求；同时也不能太大，以保证不会引起系统频率振荡。

　　（4）不同频差信号下的调速系统响应。相同频差变化速度下，频差幅度越大，水锤效应导致的机械功率反调幅度越大、反调持续时间越长。相同频差变化幅度下，随着频差变化速度的减缓，水锤效应导致的机械功率反调时间逐渐增长，但反调幅度逐渐减小。

　　（5）高比例水电送出电网超低频振荡机理。高比例水电送出电网中，水轮机功率调节受到水锤效应影响，调速器 PID 参数的合理区间较小，容易出现水电机组功率调节对频率变化的负阻尼作用。在高比例水电送出电网中，若水电机组提供的正阻尼较小或者提供负阻尼作用，电网发电机功率调节对频率变化的正阻尼可能不足，甚至出现负阻尼，导致电网频率波动。因此，水电机组调速器参数整定要首先保证其能够提供足够的正阻尼。

　　（6）系统强度变化对电网超低频振荡的影响。水电机组对频率变化的阻尼作用与系统强度密切相关。在强系统中呈正阻尼作用的水电机组，放入弱系统中可能呈负阻尼作用。当电网结构发生变化，例如云南电网与主网异步，导致系统强度发生剧烈变化时，需要对水电机组调速器参数进行相应调整，以保证水电机组对电网频率变化仍然能够呈正阻尼作用。

机组 PID 参数优化后，云南电网频率幅值仍出现小幅波动，振荡周期约 25s，振荡幅值衰减明显，约振荡 5 周期后趋于平稳，与试验结果较为吻合，更真实地反映了云南电网水电机组在一次调频过程中出现的水锤效应。但由于机组 PID 参数需要通过数次仿真分析和现场试验后才能调整出可以较好地描述云南电网实际的参数组合，需结合实际运行情况对水电机组 PID 参数、一次调频死区设置等继续优化整定。

由于水锤效应影响，水电机组的功率调节滞后于频率变化，并且在初始阶段存在反调现象，导致水电机组对电网频率振荡容易表现为负阻尼；火电机组不存在功率反调现象，对电网频率振荡一般表现为正阻尼。电网频率振荡的发展变化，不仅与单台水电机组/火电机组对频率振荡的阻尼有关，更主要取决于系统中各台发电机的总体阻尼特性，当总体正阻尼大于总体负阻尼时，电网频率振荡可以得到抑制。

在电网运行中，可以通过调整各台发电机调速器的 PID 参数来优化电网频率调节性能，一方面抑制频率振荡，另一方面保证有足够的功率调节量，以及消除稳态误差。减小调速器 PID 控制的 K_P 值和 K_I 值均可以提升发电机组抑制频率振荡的能力，然而却会同时导致功率调节量的减小和稳态误差的增大，有时甚至需要依靠直流 FLC 和二次调频来配合控制。为优化电网频率调节总体性能，需要在各个性能之间进行一定的取舍。

随着云南电网的发展，若水电机组比例不断提高或者系统强度不断减弱，则需要考虑进一步降低 K_P 和 K_I 的取值，适当增大 K_D 值，同时需要加强与直流 FLC、二次调频等其他控制措施的配合，以保证电网频率稳定。若云南电网内水电机组比例不断降低或者系统强度不断增强，则可以考虑提高 K_P 和 K_I 的取值，适当减小 K_D 值，在保证电网频率稳定的同时，减小对于直流 FLC、二次调频等其他控制措施的依赖，同时获得较高的功率调节量和较小的稳态误差。

5.1.2　直流 FLC 参数优化

传统理论上，系统频率调节效应一般是考虑负荷和发电机组的频率调节效应。特别是如云南电网直流外送规模大时，异步联网后的云南电网各直流频率限制控制（FLC）对系统的频率调节效应非常显著。

FLC 通过两个闭环控制器实现，每个闭环控制器监测一个频率死区限值，其结构图如图 5-12 所示。当频率超过其死区上限或者下限时，FLC 自动被激活，其中死区范围可以整定。当整流侧系统频率低于死区下限时，FLC 根据频率偏差通过闭环方式减少直流功率，将系统频率控制在死区范围内，以保持系统频率稳定。同样，当整流侧系统频率高于死区上限时，FLC 通过增加直流功率来降低交流系统频率。最后 FLC 的输出结果与其他稳控功能的输出一起考虑用于计算直流功率调整的参考值，当频率调整过程结束后，FLC 自动重置。

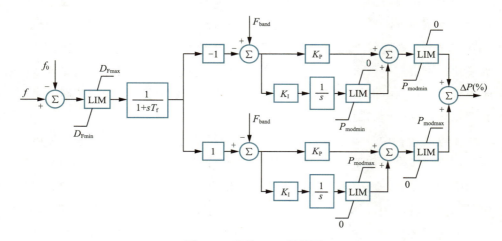

图 5-12　直流 FLC 结构图

在图 5-12 中，D_{Fmax}、D_{Fmin} 分别为频差最大值、最小值，T_f 为滤波器时间常数，F_{band} 为频差死区限制范围，K_P 为比例增益，K_I 为积分增益，P_{modmin}、P_{modmax} 分别为直流功率调节的下限、上限。结合云南电网情况，针对直流 FLC 向上调节和向下调节的条件及功能进行算例分析。

1.　直流 FLC 向上调节能力分析

直流 FLC 向上调节，当直流运行在额定功率时，其向上调节功率的能力需要依赖于直流短时过负荷能力，如某些直流具备短时 1.2 倍过负荷或 1.1 倍过负荷能力，某些直流则不具备过负荷，因此，各直流向上调节效应与直流本身的过负荷能力高度相关。当然，当直流运行功率低于额定功率时，无论直流是否存在过负荷能力，至少具备将直流提升到额定功率水平。考虑直流 FLC 向上调节容量不同时，对云南电网异步联网后的不平衡功率影响非常显著，如直流闭锁功率 2500MW，直流 FLC 向上调节容量为 2000MW 时，云南电网最高频率可以降低 0.3Hz 左右，云南电网直流 FLC 投退设置下的频率特性见表 5-2。

表 5-2　　　　　云南电网直流 FLC 投退设置下的频率特性

故障类型	丰大方式		丰小方式	
	不投 FLC	FLC 投入 2000MW	不投 FLC	FLC 投入 2000MW
直流闭锁功率（2500MW）	50.62Hz	50.38Hz	50.86Hz	50.55Hz

分析直流 FLC 向上调节容量对云南电网频率特性的影响，以楚穗直流单极闭锁 2500MW 为例进行仿真。FLC 向上调节容量越大，发生直流极闭锁故障时云南最高频率值将越低，见表 5-3。

表 5-3　　　　　直流 FLC 上调容量对云南电网频率特性的影响

故障类型	FLC 上调容量（MW）	云南频率（Hz）	备注
楚穗直流单极 闭锁 2500MW	0	50.85	稳定
	400	50.78	新增鲁西常规 400MW
	1040	50.61	以上基础上新增金中 640MW
	1540	50.50	以上基础上新增普侨 500MW
	2040	50.46	以上基础上新增普侨 500MW
	2520	50.41	以上基础上新增牛从 480MW
	3000	50.37	以上基础上新增牛从 480MW

不同直流 FLC 向上调节容量下，统计楚穗直流单极闭锁 2500MW 时，直流 FLC 上调容量与云南电网最高频率的关系曲线，如图 5-13 所示。

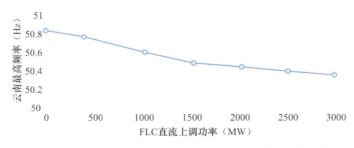

图 5-13　直流 FLC 上调容量与云南电网最高频率关系曲线

对楚穗直流单极闭锁 2500MW 的情况进行分析，当直流 FLC 向上调节容量具备 0 ～ 1500MW 能力时，每增加 500MW 时可以降低云南电网最高频率 0.1Hz 左右；向上调节容量具备 1500 ～ 3000MW 能力时，每增加 500MW 时可以降低云南电网最高频率 0.05Hz 左右。因此，通过从直流不同 FLC 向上容量发挥的作用效果来看，向上调节功率 0 ～ 1500MW 发挥的作用非常显著，发生直流故障后其他直流具备向上调节功率 1500MW 能力需得到保证。针对云南电网而言，在实际直流工程参数设置中，直流 FLC 向上最大调节设置不会超过 20%，通常受环境、温度、网架影响，部分直流的过负荷能力不能有效利用。

2. 直流 FLC 向下调节能力分析

相较直流 FLC 向上调节能力受限于直流过负荷能力，一般情况下直流 FLC 向下调节能力不受限较小，只有在直流运行在最小功率水平时不具备继续向下调整功率。根据云南电网实例仿真分析，当系统故障需大量切机时，云南电网会出现系统频率偏低的现象，直流 FLC 不投的频率特性见表 5-4。

表 5-4   直流 FLC 不投的频率特性

故障类型	稳定情况	紧急控制措施	最低频率（Hz）
阿海—金官换流站 N–2	失稳	切阿海、梨园机组 3400MW	49.1
太安—黄坪 N–2	失稳	切阿海、梨园机组 2800MW	49.2
仁和—厂口 N–2	失稳	切鲁地拉、龙开口机组 2520MW	49.3
大理—和平 N–2	失稳	切阿海、梨园、功果桥等机组 2220MW	49.4
糯扎渡—普洱换流站 N–2	线路过载	切糯扎渡机组 1950MW	49.5

以阿海—金官换流站 N–2 故障为例，故障后需切除阿海、梨园机组 3400MW，才可保持稳定。直流 FLC 投退的频率曲线对比如图 5-14 所示，可以看出，不考虑直流 FLC 作用时，云南最低频率 49.1Hz；若考虑直流 FLC 作用，云南最低频率 49.8Hz。在云南电网实际直流工程参数设置中，直流 FLC 向下最大调节设置在 50%，因此，通过直流 FLC 向下调节较容易解决云南电网出现的低频问题。

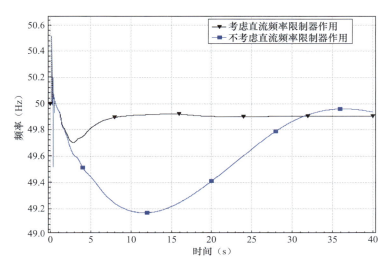

图 5-14　直流 FLC 投退频率曲线对比

接下来分析直流 FLC 下调容量对云南频率特性的影响，以溪洛渡跳机 3500MW 为例，见表 5-5，可以看出，当云南电网直流 FLC 投入后对云南大容量跳机后出现的低频作用非常明显。

表 5-5　　　　　　直流 FLC 下调容量对云南电网频率特性的影响

故障类型	FLC 下调容量（MW）	云南最低频率（Hz）	备注
溪洛渡跳机 3500MW	0	48.64	无
	1250	49.13	仅楚穗直流，向下 25%
	2500	49.41	仅楚穗直流，向下 50%
	5000	49.51	楚穗 + 普侨，向下 50%
	8200	49.56	楚穗 + 普侨 + 牛从，向下 50%
	12300	49.61	全部直流向下 50%

不同直流 FLC 向下调节容量下，统计溪洛渡跳机 3500MW 时，直流 FLC 下调容量与云南电网最低频率关系曲线，如图 5-15 所示。可以看出，仅投入楚穗直流 FLC 向下容量 2500MW 时，云南电网最低频率即可由 48.64Hz 提升至 49.41Hz，而此后继续投入直流 FLC 向下容量时，对云南低频作用逐渐减弱。因此，通过直流 FLC 向下调节较容易解决云南电网出现的低频问题。

异步联网前，云南电网通过交直流并联送出，一般而言系统并不会出现大规模的不平衡功率，更难出现系统高频问题，从而直流 FLC 控制及参数并没有得到重视，主要的 FLC 环节参数主要依据直流送端孤岛运行方式下的特性进行设置和优化。异步联网后，云南系统频率特性发生了巨大变化，已有的 FLC 参数是否能够适用仍有待检验，因此对异步联网方式下 FLC 各环节参数进行仿真分析，并研究各环节最优参数控制。

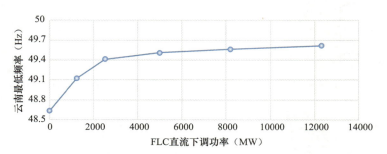

图 5-15 直流 FLC 下调容量与云南电网最低频率关系曲线

3. 直流 FLC 死区范围分析

一般直流孤岛运行时 FLC 死区范围为 ±0.1Hz，异步联网后对死区范围为±0.1Hz、±0.15Hz、±0.2Hz 三种情况进行仿真对比，不同死区范围普侨直流单极闭锁相应频率响应如图 5-16 所示，不同死去范围普侨直流双极闭锁相应频率响应如图 5-17 所示。

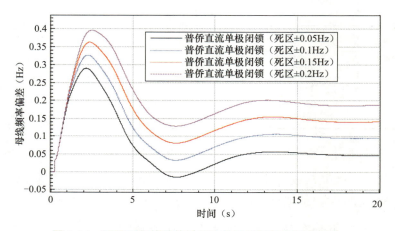

图 5-16 不同死区范围普侨直流单极闭锁相应频率响应

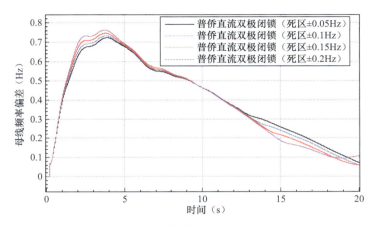

图 5-17 　不同死区范围普侨直流双极闭锁相应频率响应

可以看出，不同死区范围时，故障后系统频率最终均能恢复至死区范围内，但死区范围越大，暂态过程最高频率越高，因此死区不宜过大；若死区范围太小，则直流 FLC 会频繁动作，因此考虑一定裕度，建议 FLC 死区范围设置为 ±0.10 ～ ±0.15Hz 之间。

云南电网与南方电网主网异步联网后，经过多年的运行经验，目前云南电网楚穗、普侨等直流 FLC 死区范围设置为 ±0.15Hz，其他直流如牛从、金中、永富、鲁西背靠背的 FLC 死区范围设置为 ±0.14Hz。

4. 比例增益 K_p 灵敏度分析

以楚穗直流、普侨直流、牛从直流、金中直流、鲁西直流、永富直流的FLC 参数设置为例，其中 F_{band}=0.1Hz、P_{modmax}=+20%、P_{modmin}=−50%、K_I=22.2，以楚穗直流为例，仿真对比 K_p=15、20、30、40、80 情况下系统响应情况，单极闭锁时不同比例增益下系统响应对比如图 5-18 所示，双极闭锁时不同比例增益下系统响应对比如图 5-19 所示。

可以看出，楚穗直流单极、双极闭锁故障时，K_p 值越小，动态过程中频差越大，动态阻尼越小，对扰动后系统频率稳定不利；而随着 K_p 值增大，虽然最高频率有所提降低，但频率恢复过程变长，动态性能略微变差。根据仿真结果当 K_p 在 20 ～ 40 之间取值时，效果相差不多，均能满足系统要求，实际直流工程运行经验值一般取值 K_p=30。

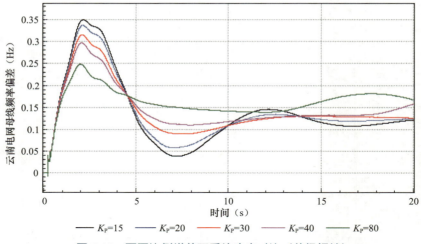

图 5-18   不同比例增益下系统响应对比（单极闭锁）

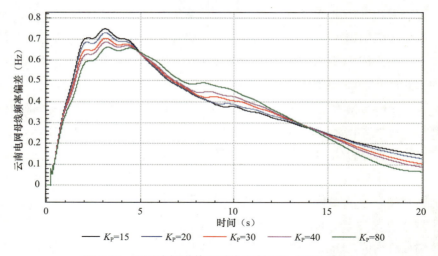

图 5-19   不同比例增益下系统响应对比（双极闭锁）

5. 积分增益 K_I 灵敏度分析

各回直流 FLC 参数设置如下：F_{band}=0.1Hz、P_{modmax}=+20%、P_{modmin}=-50%、K_P=30，以楚穗直流为例，仿真对比 K_I=7、17、22、27、50 情况下系统响应情况，单极闭锁时不同积分增益下系统响应对比如图 5-20 所示，双极闭锁时不同积分增益下系统响应对比如图 5-21 所示。

可以看出，楚穗直流单极、双极闭锁故障时，K_I 值越小，系统动态过程中最高频率越高，恢复过程越长；K_I 值越大，虽然最高频率有所降低，但频率恢复过程变长，动态性能变差，根据仿真结果 K_I 取值在 17～27 之间时效果相差不多，均能满足系统要求，实际直流工程运行经验值一般取值 K_I=22.2。

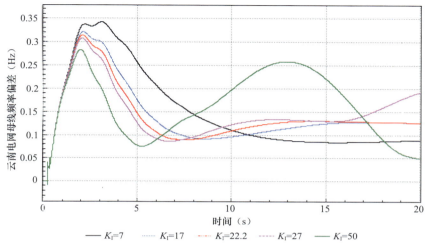

图 5-20 不同积分增益下系统响应对比（单极闭锁）

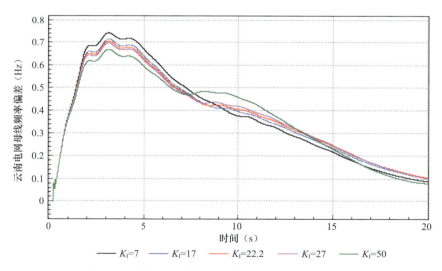

图 5-21 不同积分增益下系统响应对比（双极闭锁）

5.2 第二道防线控制技术

电力系统紧急控制技术目的是以较小的代价取得系统的暂态稳定，避免局部故障造成大面积停电的事故。电力系统主要的紧急控制手段包括切除发电机、集中切除负荷、解列联络线、HVDC 功率紧急调制、可控串联补偿等，属于广泛应用的成熟技术；其他措施如快速汽门、电气制动等属于理论研究技术，在电网中应用较少。

但云南电网异步互联之后，与交直流并联同步电网相比，一些稳定控制技术与系统防线体系无法适应和满足多直流异步送端电网安全稳定运行需求，多直流异步送端电网安全稳定控制技术适应情况见图 5-22。

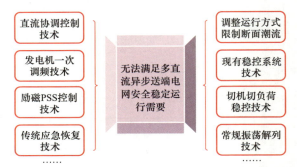

图 5-22　多直流异步送端电网安全稳定控制技术适应情况

随着经济高速发展，南方电网规模和输电通道建设不断增大，不同发展过程中系统稳定特性随之变化，针对不同系统特性下的稳控措施也需不断优化：以 ±800kV、5000MW 楚穗直流为例，2010—2015 年期间楚穗直流单极闭锁不需采取稳控措施，但双极闭锁后存在系统暂态功角失稳问题，需稳控措施采取切除送端机组和受端负荷的措施；当云南电网与南方电网主网异步联网后，发生直流双极闭锁情况下系统频率稳定问题突出，2016 年以后楚穗直流单极闭锁、双极闭锁都需要稳控措施采取措施切除送端机组，而双极闭锁稳控措施不需切除受端负荷。

对云南电网稳控系统而言，采取的措施主要包括稳控切机、直流功率紧急调制，如大容量直流（楚穗、牛从、普侨直流等）故障后，通过直流稳控系统首先切除直流近端配套电源机组，当配套电源切除容量不足时，则通过云南电网交流系统稳控装置远切云南电网机组，即切除直流备切机组。本节针对直流功率紧急调制、稳控系统切机特性及稳控系统构建内容进行具体分析。

5.2.1　直流功率紧急调制分析

直流功率紧急调制控制措施主要包括直流功率提升 / 直流功率回降（限制）等手段，是通过直接改变直流传输功率的指令来增加或减少直流传输功率，在异步联网模式下，可为送 / 受端系统快速提供一定的功率调剂，减少

送 / 受端系统中出现的不平衡功率差，避免切机或减少切机量，保证整个系统的稳定性。一般而言，直流功率提升 / 直流功率回降（限制）与稳控系统进行接口，通过接收稳控装置发出的直流功率提升 / 直流功率回降（限制）指令，由稳控装置触发来快速调节或限制直流传输功率值。

电力系统异步联网模式下，直流功率提升的主要作用是发生直流闭锁故障时，通过提升其他直流输送功率，辅助解决系统稳定问题，减少稳控切机量。以鲁西异步联网工程提升为例，当普侨直流单极闭锁后，云南电网瞬间不平衡功率为 2500MW，若不采取稳控措施，仅靠直流 FLC 调节，暂态过程系统最高频率为 50.52Hz。若考虑将鲁西直流功率由 2000MW 提升至 3000MW，提升速率设置为 1000MW/s，则采用直流功率提升的系统响应如图 5-23 所示。

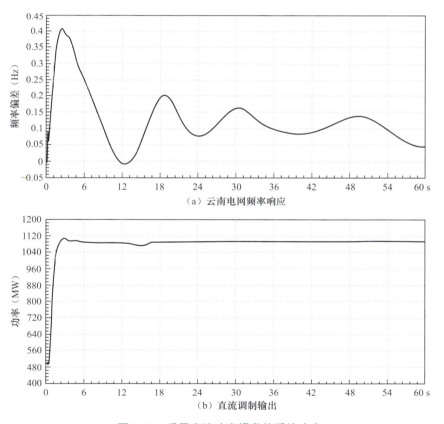

（a）云南电网频率响应

（b）直流调制输出

图 5-23　采用直流功率提升的系统响应

可以看出，直流功率提升控制措施能够缓解直流单极闭锁后云南电网的高频问题。鲁西直流功率提升 1000MW 后，暂态过程中云南电网最高频率为 50.41Hz，降低了 0.11Hz，与"当直流 FLC 向上调节容量为 1500 ～ 3000MW 时，每增加 500MW 时可以降低最高频率 0.05Hz 左右"的直流 FLC 的结论基本吻合。由于直流功率提升 1000MW 一般需要时间约 1s，从暂态稳定失稳快速性上难以解决机组功角失稳问题。综合建议，异步联网的频率问题可通过直流调节功率、稳控切机等措施解决，而系统功角稳定问题需稳控系统切机切负荷解决。

异步联网前，直流功率回降（限制）主要能够解决受端电网交流线路热稳定性问题，异步联网前后，受端电网线路是否存在过载问题并没有发生影响，该项功能仍可继续沿用。以楚穗直流为例，在增穗一回线停运时，穗水 N–2 故障后系统稳定，剩下一回增穗线容易发生过载，将楚穗直流功率回降（限制）至 3500MW 时可有效缓解或消除线路过载。但异步联网后，若直流功率回降过多反而容易引发云南电网的高频问题，这也是异步联网后出现的新问题。为了解决单极闭锁出现的高频问题，实际运行中要求故障后其他直流具备 FLC 上升容量 1500MW 以上。综合考虑，所有直流采用直流功率回降（限制）功能时，最大调节功率量不得超过 1500MW。

5.2.2 稳控系统切机特性分析

当云南电网系统出现高频问题时，稳控系统切机对频率的影响主要取决两方面的因素：一是切机量，二是切机时间。

1. 切机量分析

云南电网发生大容量直流闭锁后，将会瞬时出现大量不平衡功率富余，故障后 3 ～ 5s 系统频率会升到最高值，可通过快速切抑制最高频率，一般切机速度越快、切机量越大，效果越好。以楚穗双极 5000MW 闭锁为例，计算中考虑故障后 0.3s 切除机组，直流闭锁功率为 5000MW，FLC 上调功率为 3500MW，不平衡功率为 3500MW，切机量为 0 ～ 5500MW，不同切机量下的系统最高频率见表 5-6。可以看出，随着切机量的增大，系统最高频率不断降低，当切机量大于直流闭锁功率时，云南电网出现频率低于 50Hz 现象。

表 5-6　　　　　　　　　　　不同切机量下的系统最高频率

故障类型	切机量（MW）	最高频率（Hz）	备注
楚穗双极 5000MW 闭锁，故障后 0.3s 切机	0	51.52	
	500	51.33	
	1000	51.14	
	1500	50.95	
	2000	50.89	
	3500	50.41	
	5500	50.16	云南电网最低频率 49.80Hz

因此，解决系统高频问题时，应充分利用其他直流 FLC 上调能力，在频率能得到有效控制时，尽量减少切机量以降低受端电网的净功率损失，切机量与不平衡功率尽量匹配，一般为按直流闭锁功率减去 FLC 上调功率取值比较合理。

2. 切机时间分析

以楚穗双极闭锁 5000MW 为例，故障后不切机时的系统最高频率为51.52Hz。计算中考虑切机量为切小湾 5 机 3500MW，切机时间为 0 ～ 10s，不同切机时间下的系统最高频率见表 5-7。可以看出，随着切机时间加快，系统最高频率越低。

表 5-7　　　　　　　　　　不同切机时间下的系统最高频率

故障类型	切机时间（s）	最高频率（Hz）	备注
楚穗双极闭锁，切小湾 5 机 3500MW	0.1	50.40	
	0.3	50.41	
	0.5	50.43	
	0.7	50.47	
	0.9	50.51	0.3 ～ 0.9s 期间，频率上升速率约为 0.17Hz/s
	1.2	50.59	
	1.5	50.68	
	2.0	50.83	0.3 ～ 2s 期间，频率上升速率约为 0.25Hz/s；一般故障后 2 ～ 3s，直流 FLC 上调容量达到目标值
	3.0	51.07	
	5.0	51.39	0.3 ～ 5s 期间，云南频率上升速率约为 0.21Hz/s；一般故障后 3s，机组调速器动作
	10.0	51.52	双极故障后 7s 左右达到最高值

楚穗双极闭锁切小湾 5 机 3500MW 后，不同切机时间下系统最高频率变化曲线如图 5-24 所示。可以看出，切机时间越短对最高频率抑制效果越好。

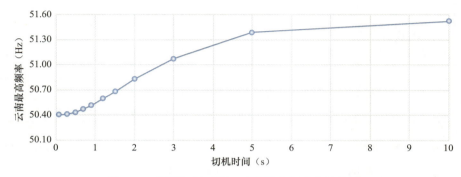

图 5-24　不同切机时间下系统最高频率变化曲线

实际运行中，稳控系统切机从判别故障到切断机端开关执行到位的总时间在 150ms 以内，装置硬件及通信技术完全可满足控制要求。但在设计控制策略时，需充分考虑切机时间延迟对系统频率的影响，如直流线路故障再启动次数、游离时间等均会影响切机时间，而在同样切机量下，切机时间延迟 1s 将导致最高频率上升 0.2Hz 以上。

5.2.3　稳控系统构建

云南电网稳控系统主要分为两部分：第一部分以每一回直流工程为中心形成的直流稳控系统，主要有楚穗、普侨、牛从等多回直流稳控系统；第二部分是解决云南各区域水电送出稳定问题的交流区域稳控系统。另外，考虑直流稳控与交流稳控之间耦合程度对电网安全运行影响，构建多直流协调稳控系统。

1. 直流稳控系统构建

直流稳控系统主要解决直流故障的频率稳定以及近区交流通道上的功角稳定、动态稳定、热稳定问题，直流稳控系统交直流信息融合示意图如图 5-25 所示。

异步联网前，云南电网直流稳控系统主要包括楚穗直流、牛从直流、普侨直流稳控系统，此时直流稳控系统的最大共同点是考虑了交直流信息融合。以牛从直流稳控系统为例，系统结构示意图如图 5-26 所示，在切机措施方面，所有直流稳控系统均采集云南电网交流断面信息（500kV 罗平变电站和砚山变电站），发生直流闭锁故障后，切机量根据交流断面功率以及直流闭锁功率得出，出现直流配套电源不足时再通过与云南区域稳控主站接口（500kV 黄坪站、墨江站和永丰站），由云南主站执行补切机组功能；在切荷措施方面，所有直流均与广东稳控系统主站（500kV 罗洞站）连接，由罗洞站统一执行切荷功能。

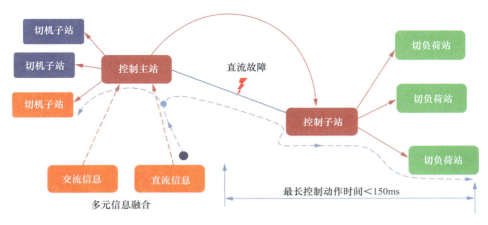

图 5-25　直流稳控系统交直流信息融合示意图

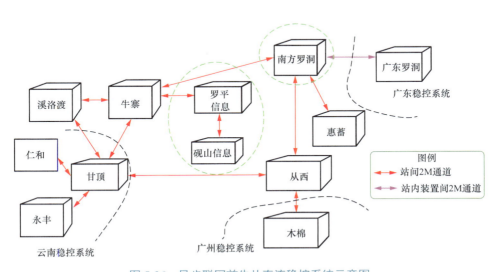

图 5-26　异步联网前牛从直流稳控系统示意图

随着云南电网送出的交直流规模不断增大，稳控系统控制对象增多，控制策略复杂化，稳控拒动导致系统失稳风险越来越大。大容量直流闭锁容易导致系统暂态失稳，已连续多年成为南方电网十大运行风险之一。异步联网前牛从直流稳控系统各具体厂站架构图见图 5-27。

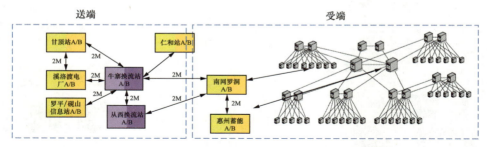

图 5-27　牛从直流稳控系统各具体厂站架构图（异步联网前）

云南电网与南方电网主网异步联网后，已对云南电网直流稳控系统进行了优化简化，由于异步联网后云南电网交流外送已断开，因此在楚穗、普侨、牛从等直流稳控系统上均停止了云南电网交流断面信息的采集。以牛从直流稳控系统为例，异步联网前后直流稳控系统优化示意图如图 5-28 所示。

随着西电东送规模的扩大以及直流技术的发展，2020 年南方电网建设昆柳龙、禄高肇两个多端直流工程。多端直流系统运行方式更加灵活多变，在功率调制、线路再启动、故障在线退站等方面的特性对送受端电网交流系统的影响明显，特别是直流容量较大时每一动作特性对系统稳定以及控制措施要求极高。

以昆柳龙三端直流为例，昆柳龙直流某柔直端在线退站过程中，根据直流高速开关（High Speed Switch，HSS）技术要求，需将三端对应极功率先降到零功率水平，然后再通过 HSS 动作进行退站隔离，HSS 正确动作后剩余极再恢复为两端模式。若非故障极可转带功率容量不足，退站过程中送受端电网交流系统将承受长达 600ms 的不平衡功率。同理，直流某极线路发生故障再启动时，三端也需将故障极功率控到零功率水平，考虑去游离和恢复过程的时间后，若非故障极可转带功率容量不足，直流线路再启动过程中送受端电网交流系统存在约 650ms 的不平衡功率。通过对昆柳龙三端直流稳定问题分析以及对应的控制措施研究，提出多端直流稳控系统的构建原则及方案，多端直流稳控系统的主要构建原则如下：

（1）稳控系统构建框架，在昆北换流站设置总控制主站，在云南送端电网设置切机控制主站，在广东、广西受端电网设置切负荷控制主站切负荷执行站，在柳州、龙门换流站设置控制子站，在受端电网设置交流线路故障信息采集站。

（2）为了解决直流闭锁后送端电网频率偏高的问题，在直流送端昆北换流站设置总控制主站和云南切机控制主站，优先选取切除直流工程配套电源的机组，当配套电源可切机组量不足时再选取云南切机控制主站的机组，按照云南切机主站的电厂执行站顺序进行切机选取，保证直流故障后云南电网最高频率不触发第三道防线的高周切机定值。

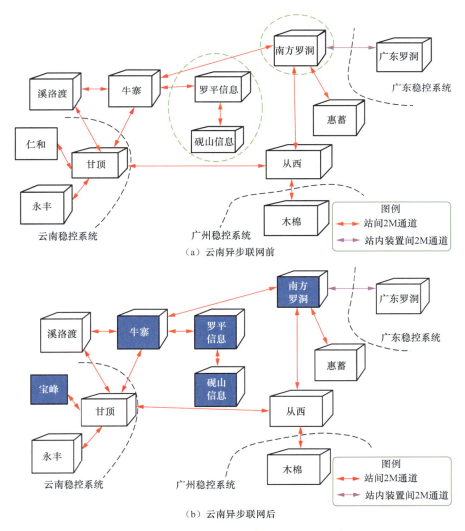

图 5-28　异步联网前后直流稳控系统优化示意图

（3）为了解决直流闭锁后受端电网频率偏低的问题，在直流受端设置切负荷控制主站，优先选取切除蓄能泵工况机组，当泵负荷量不足时再选取切除受端电网负荷，分别按照广东、广西、深圳切负荷子站设置负荷执行站顺序进行，保证直流故障后受端电网最低频率不触发第三道防线的低频减载定值。

（4）为了解决送端电网交流故障后暂态功角问题，分别在直流送端昆北换流站控制主站和配套电站执行站选取切机控制，针对线路故障类型选取配套电源的不同切机对象，保证交流线路故障后系统功角稳定。

（5）为解决受端电网交流故障后元件过载问题，分别在直流受端柳州、龙门换流站控制子站选取直流功率限制控制功能；为解决广东受端交流线路故障后的线路过载问题，需在广东设置信息采集站；为解决受端广西电网交流线路故障后的线路过载问题，需在广西设置信息采集站，针对线路故障类型选取不同的直流功率限制措施，消除交流线路故障后近区元件过载。

（6）为了更加准确地判断直流闭锁后的功率损失量，考虑昆北、柳州、龙门换流站稳控装置与各端的直流控制保护系统进行信息交互，需从直流控保系统实时获取直流目标功率、直流闭锁、功率速降等信息，确保稳控系统准确判断出直流故障及损失功率。

综合以上构建原则，昆柳龙多端直流稳控系统构建方案如图 5-29 所示。整体上为由控制主站、切机控制主站和切负荷控制主站，以及信息站和执行子站组成的多层控制框架。在昆北换流站设置了控制总站，计算直流损失功率

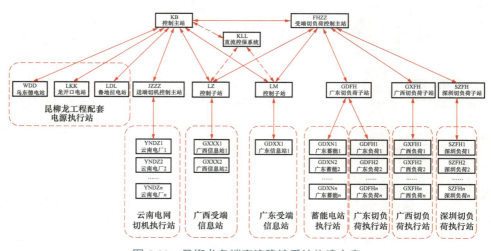

图 5-29 昆柳龙多端直流稳控系统构建方案

值、需切机组功率值、需切负荷功率值等；在送受端分别设置了切机主站和切负荷主站，接收控制总站命令和选取控制对象；在各端换流站设置了控制子站，设计近区交流故障控制策略。在控制对象选择上充分考虑控制效果和风险，选取切除机组对象上优先考虑切除直流配套电源机组，降低直流故障后交流外送断面功率越限；选取切负荷对象上优先考虑切除蓄能泵工况负荷，减少真正切除用户负荷的风险。

除以上介绍的直流稳控系统外，云南电网直流工程稳控配置见表 5-8。

表 5-8 云南电网直流工程稳控配置（截至 2022 年）

直流名称	电压等级（kV）	输电容量（MW）	主要稳控功能
楚穗直流	±800	5000	送端切机组、直流功率限制等
普侨直流	±800	5000	送端切机组、直流功率限制等
牛从双回直流	±500	6400	送端切机组、受端切负荷、直流功率限制等
永富直流	±500	3000	送端切机组、直流功率限制等
金中直流	±500	3200	送端切机组、直流功率限制等
鲁西背靠背直流	±500	3000	送端切机组、直流功率限制等
新东直流	±800	5000	送端切机组、直流功率限制等
禄高肇直流	±500	3000	送端切机组、受端闭锁直流、直流功率限制等
昆柳龙直流	±800	8000	送端切机组、受端切负荷、直流功率限制等

2. 交流区域稳控系统构建

云南电网与南方电网主网异步联网后，云南电网交流区域稳控系统构成主要分为墨江稳控系统、永丰稳控系统、黄坪稳控系统三大区域稳控系统。其中，墨江稳控系统包含德宏稳控系统、红河稳控系统，黄坪稳控系统包含保山稳控系统、剑川稳控系统。为解决暂态稳定、动态稳定以及热稳定问题，对云南电网各交流区域稳控系统采取的主要控制措施分析如下。

（1）墨江稳控系统的主要控制措施如下：

1）墨玉故障跳双回。控制方案为暂稳切机。切机量 $=a\times(P-P_0)$，P 表示故障前墨玉红宁断面 4 回有功功率，P_0 表示该断面 $N-2$ 不切机门槛值（4780MW），系数 a 取 1.02。先切德宏，再切景洪变电站、糯扎渡变电站、墨江变电站上网的 220kV 机组。

2）思墨故障跳双回。控制方案为暂热稳切机。当 $P\geqslant P_0$ 时，切机量 = 故障前思墨双回有功功率。切景洪、糯扎渡机组。P 表示故障前思墨双回 + 思通的总有功功率，P_0 表示其不切机的门槛值（3220MW，考虑思茅主变压器检修时需要修正）。

3）景洪—思茅故障跳双回。控制方案为解列景洪电站联络变压器。墨江稳控系统框架如图 5-30 所示。

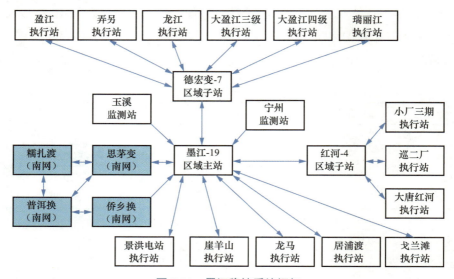

图 5-30　墨江稳控系统框架

（2）黄坪稳控系统的主要控制措施如下：

1）太黄故障跳双回。控制方案为暂热稳切机（黄坪主变压器过载），切机量 = 故障前太黄双回有功功率。

2）黄仁故障跳双回。控制方案为暂稳切机。暂稳切机量 $=a\times(P-P_0)$，P 表示故障前黄仁双回有功功率，P_0 表示该双回 N–2 不切机门槛值（1100MW），系数 a 取 1.11。

3）仁厂故障跳双回。控制方案为暂稳切机。切机量 $=a\times(P-P_0)$，P 表示故障前仁厂双回有功功率，P_0 表示该双回 N–2 不切机门槛值（3060MW），系数 a 取 3.33。

4）大和故障跳双回。控制方案为暂稳切机。切机量 $=a\times(P-P_0)$，P 表示故障前大和双回有功功率，P_0 表示该断面 N–2 不切机门槛值（2000MW），系数 a 取 2.25。

5）阿金故障跳双回。控制方案为暂稳切机。切机量 $=a\times(P-P_0)$，P 表示故障前阿金 + 梨金 3 回有功功率，P_0 表示该断面 3 回 N–2 不切机门槛值

（2400MW），系数 a 取 1.40。

黄坪稳控系统框架如图 5-31 所示。

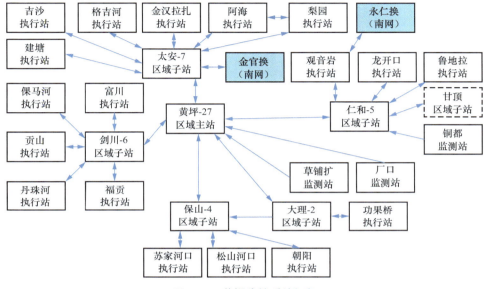

图 **5-31**　黄坪稳控系统框架

（3）永丰稳控系统的主要控制措施如下：

1）甘永故障跳双回。

控制方案 1：暂稳＋热稳切机（大西线、甘顶主变压器下网，按大西线控制）。甘顶→永丰、威信→镇雄为正，过切。暂稳切机量 $=a×（P-P_0）$，P 表示故障前甘永双＋威镇断面 3 回有功功率，P_0 表示不切机门槛值，系数 a 取 1.67。热稳切机量 $=b×P_c$，$P_c=$ 故障后大西（大关—西衙门）单回有功功率—大西单回热稳控制值，b 取 10.0。

控制方案 2：暂热稳切机（大西双回、甘顶主变压器下网过载）。切机量 $=a×（P-P_0）$，$P=$ 故障前甘永双＋威镇断面 3 回有功功率，P_0 表示该断面不切机门槛值，系数 a 取 1.08。

2）永多故障跳双回。控制方案为暂稳切机。过切，永丰→多乐才执行。暂稳切机量 $=a×（P-P_0）$，$P=$ 故障前永多双＋镇多断面 3 回有功功率，P_0 表示不切机门槛值，系数 a 取 1.28。

3）多喜故障跳双回。控制方案为热稳切机（多乐主变压器过载）。多乐→喜平。过切。热稳切机量 $=P_c$，$P_c=b$（故障后多乐主变压器下网有功—多乐主变压器热稳控制值）。

永丰稳控系统框架如图 5-32 所示。

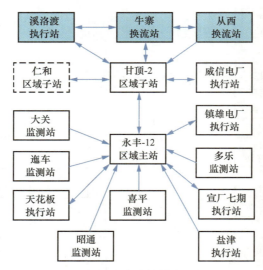

图 5-32　永丰稳控系统框架

3. 多直流协调稳控系统构建

云南电网与南方电网主网异步联网后，随着永富、金中、新东等直流投产，直流稳控系统与云南交流稳控耦合又开始变得越来越紧密，此期间云南电网汛期存在大量弃水风险。由于南方电网主网直流稳控系统与云南电网交流稳控系统相互耦合、接口复杂，交直流系统运行相互交织、协调控制难度大，云南电网的黄坪、仁和、太安等重要站点影响面广，稳控系统的检修、调试工作难度大。在此基础上构建多直流协调稳控系统，交直流稳控系统之间实现解耦，直流稳控系统进行了第二次优化简化，直流稳控系统与区域交流稳控解耦效果示意图如图 5-33 所示。

构建多直流协调稳控系统，在直流配套电厂新增配置一组稳控装置，两组装置连接如下：各电厂第一组稳控装置与相应直流稳控系统直接相联；各电厂新增的第二组稳控装置与多直流协调切机主站、云南交流稳控系统相联，实现了直流稳控与区域交流稳控的全面解耦，云南多直流协调稳控系统建设方案（2019 年）见图 5-34。

基于广域信息的电力系统安全稳定防线，增加复杂故障系统风险扩大的防火墙。随着信息、通信等新技术飞速发展，可以借助新技术实现更广域空间上的实时同步，使得网内各种稳定控制资源更加广泛地被协同利用，如多直流协调、跨流域互济、跨地区负荷等协同控制措施，可以更好地面对严重故障冲击下的系统安全稳定。如解决直流送受端的频率异常问题，在送端多直流控制主站采取集中高周切机措施，在受端多直流控制主站采取集中低频切泵措施等。利用新技术在传统的第二、三防线增设一道防线，尽量避免触发到最后一道防线。

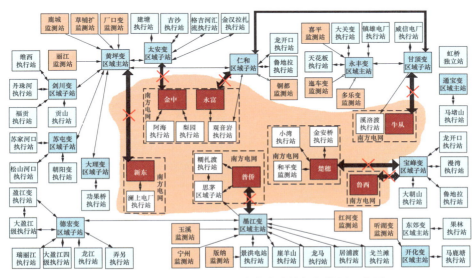

图 5-33　直流稳控系统与区域交流稳控解耦效果示意图

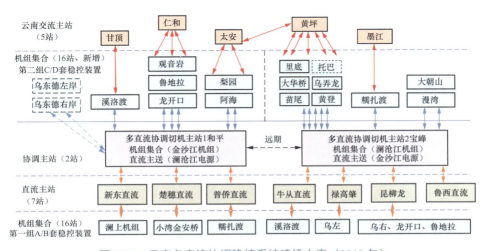

图 5-34　云南多直流协调稳控系统建设方案（2019 年）

5.3 第三道防线控制技术

电力系统异步联网运行虽极大改善了系统暂态功角稳定问题，但由于原本同步运行的电网被分割成若干规模较小的电网后，单一电网独立抵御功率扰动的能力下降，非故障电网的机组无法直接参与故障电网的一次调频，不利于抑制频率的波动，频率稳定问题突出。云南电网与南方电网主网异步联网后，当楚穗、普侨、新东等直流发生单极闭锁时，若出现稳控措施拒动，系统暂态最高频率可能达到 50.6Hz 以上，容易引发第三道防线动作。

5.3.1 高周切机控制分析

高周切机属于第三道防线范畴，为送端电网配置高周切机装置是解决送端电网外送通道断开时频率控制问题的一项重要技术措施，尤其对于直流输送功率大、系统容量小的弱送端异步运行电网，高周切机方案配置不当可能会导致出现以下问题：

（1）当外送直流发生闭锁时，送端电网因故障后瞬间存在功率过剩而频率升高，对于单回大容量直流发生单极闭锁，根据《电力系统安全稳定导则》，系统不能采取稳控措施，送端电网可能因频率升高导致高周切机第一轮动作，不满足电网承受大扰动能力的安全稳定标准。

（2）考虑较严重情况，当外送直流多回同时闭锁且稳控装置拒动时，送端电网功率过剩严重，若送端电网高周切机配置量不够，暂态过程中频率偏高持续时间较长，可能导致火电机组超速保护无序动作。

（3）云南电网高周切机应对方案应尽可能减少过切机组情况的发生，并与低频减载措施协调配合，避免因配合不当而引起电网频率大幅波动，其原则为：采取高周切机措施后，过切机组导致的云南电网最低频率不低于 49.2Hz，防止低频减载第一轮动作（49.0Hz，0.2s）切负荷。

此外，对于直流数量较多的小容量异步联网运行电网，直流频率限制功能对电网频率稳定将发挥重要作用，它能够利用直流输电系统功率的快速可控性，通过响应系统频率变化，调节直流输送功率，使送端（或受端）交流系统频率保持在额定值（在设定的死区范围内），因此，直流频率限制功能与高周切机措施两者的协调控制也成为亟待解决的问题。

由于实际电网对运行的安全稳定要求极高，高周切机配置方案不可能通过实际电网发生故障时进行检验，只能通过仿真计算对原有配置方案提前进行适应性校核，论证其合理有效后再投入电网使用，对于不适应电网变化的配置方案需提出改进措施并形成新的配置方案。

云南电网高周切机配置方案见表 5-9。

表 5-9　　　　　　　　　　云南电网高周切机配置方案

轮级	切除对象	切机容量（MW）	推荐方案	
			动作频率（Hz）	延时定值（s）
第 1 轮	溪洛渡 1 台机，糯扎渡 1 台机，小湾 1 台机	2050	50.8	0.2
第 2 轮	阿海 1 台机，观音岩 1 台机，金安桥 1 台机，景洪 1 台机	1950	50.9	0.2
第 3 轮	溪洛渡 1 台机，糯扎渡 1 台机，小湾 1 台机	2050	51.0	0.2
第 4 轮	梨园 1 台机，龙开口 1 台机，鲁地拉 1 台机，金安桥 1 台机	1920	51.1	0.2
第 5 轮	溪洛渡 1 台机，糯扎渡 1 台机，小湾 1 台机	2050	51.2	0.2
第 6 轮	阿海 1 台机，观音岩 1 台机，金安桥 1 台机，景洪 1 台机	1950	51.3	0.2
第 7 轮	梨园 1 台机，龙开口 1 台机，鲁地拉 1 台机，漫湾 1 台机，大朝山 1 台机，功果桥 1 台机	2070	51.4	0.2
合计		14040		

以云南电网外送直流闭锁故障来校核云南电网高周切机配置方案的适应性，计算结果见表 5-10。

表 5-10　　　　　　　直流闭锁故障时云南电网高周切机动作情况

故障形式	过剩功率（MW）	不考虑 FLC			考虑 FLC（向上调节容量 1000MW）		
		高周切机量（MW）	最高频率（Hz）	恢复频率（Hz）	高周切机量（MW）	最高频率（Hz）	恢复频率（Hz）
楚穗单极闭锁	2500	—	50.58	49.98	—	50.26	50.01
牛从双极闭锁	3200	—	50.75	49.98	—	50.33	50.01
楚穗单极闭锁 + 普侨单极闭锁	5000	2900	50.91	50.00	—	50.61	50.00
楚穗双极闭锁	5000	2900	50.91	50.00	—	50.61	50.00
楚穗双极闭锁 + 金中双极闭锁	8200	7270	51.08	50.03	3300	50.93	50.03
楚穗双极闭锁 + 普侨双极闭锁	10000	10795	51.42	50.00	9670	51.35	50.00

由表 6-10 可以看出，云南电网高周切机配置方案满足电网安全稳定需要：

（1）频率暂态过程中不超过 51.5Hz。

（2）频率经历动态变化后达到的稳态值在 49.2 ～ 50.5Hz 之间。

（3）低周减载装置不动作。

（4）发生单个直流单极闭锁情况下高周切机装置不动作，满足《电力系统安全稳定导则》要求。

（5）直流 FLC 功能对维持多直流送出异步运行电网的频率稳定具有十分重要的作用。

5.3.2 低频减载控制分析

电力系统异步联网运行后，非故障电网的机组无法直接参与故障电网的一次调频，异步运行的两个电网抵御功率扰动的能力均有所下降，不利于抑制频率的波动。尤其云南电网作为系统容量小、网架结构较为薄弱、负荷水平较低的多直流送端电网，送端电网高频问题比以往更加严重，同时云南送端系统损失大电源或送端电厂出线发生单回三永跳双回故障时，低频问题也不容忽视。云南电网损失大电源后低频减载动作情况见表 5-11。

表 5-11　云南电网损失大电源后低频减载动作情况

序号	故障描述	功率缺额（MW）	缺电比例（%）	低频减载轮次	切负荷量（MW）	最低频率（Hz）	恢复频率（Hz）
1	糯扎渡跳 9 机（FLC 投入 -50%）	5750	28.3	0	0	49.47	49.86
2	糯扎渡跳 9 机（FLC 未投）	5750	28.3	基本轮 4 特殊轮 2	5186	48.25	49.75
3	观音岩跳 4 机（FLC 投入 -50%）	2400	11.8	0	0	49.69	49.86
4	观音岩跳 4 机（FLC 未投）	2400	11.8	基本轮 1	798	48.83	49.88
5	溪洛渡跳 9 机（FLC 投入 -50%）	6930	34.1	0	0	49.51	49.86
6	溪洛渡跳 9 机（FLC 未投）	6930	34.1	基本轮 3	2970	48.56	49.88

在云南电网外送直流 FLC 全部退出的情况下，大机组退出运行后，频率迅速下跌至 49Hz 以下，低频减载装置正确动作切除负荷使频率恢复到 49.75Hz 以上；FLC 全部投入后电网频率始终在 49Hz 以上，低频无动作，频率可恢复到 49.88Hz。其中糯扎渡机组全跳时，FLC 投退的云南电网频率曲线如图 5-35 和图 5-36 所示。可以看出，在糯扎渡机组全跳情况下，云南电网外送直流 FLC 下调容量超过 20%（5120MW），可以保证云南低频减载不动作。

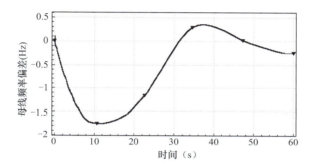

图 5-35   不考虑 FLC 时糯扎渡机组全跳云南电网频率曲线

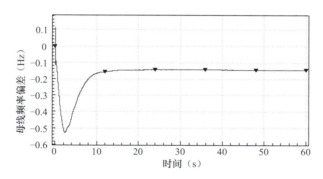

图 5-36   考虑 FLC 时糯扎渡机组全跳云南电网频率曲线

5.3.3   多种频率协调控制技术

云南电网与南方电网主网异步联网后，云南电网频率稳定成为突出问题后，目前主要通过稳控系统、第三道防线、直流 FLC、机组一次调频、AGC 等多种措施联合应对，根据各种措施特点，协调解决云南电网频率稳定问题。

云南电网主要频率控制措施如图 5-37 所示。

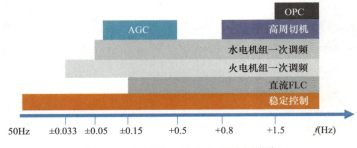

图 5-37　云南电网主要频率控制措施

（1）火电一次调频是指由发电机组调速系统的频率特性所固有的能力，随频率变化而自动进行频率调整，其特点是频率调整速度快，但调整量随发电机组不同而不同，一般火电机组一次调频死区设置 ±0.033Hz、水电机组一次调频死区设置 ±0.05Hz。

（2）火电机组二次调频是指当电力系统负荷或发电出力发生较大变化时，一次调频不能恢复频率至规定范围时采用的调频方式。一般采取自动发电控制，通过装在发电厂和调度中心的自动装置随系统频率的变化自动增减发电机的出力，保持系统频率在较小的范围内波动，自动调频是电力系统调度自动化的组成部分，它具有完成调频、系统间联络线交换功率控制和经济调度等综合功能，一般频差超过 0.5Hz 时闭锁 AGC 策略。

（3）直流 FLC 是指直流根据换流站母线频率的偏差信号调节直流功率，使频率稳定在限制值。云南电网外送直流 FLC 死区设置为 ±0.10 ～ 0.15Hz。

（4）稳定控制属于第二道防线，基于故障事件，一般在故障后 0.1 ～ 0.3s 采取措施，采取的主要控制措施有切机、切负荷、直流输电调制、跳联络线等。

（5）高周切机属于第三道防线，基于本地信息，主要作用就是当电网频率高的时候切除部分发电机组，根据电网频率的变化（＞50Hz），高周切机设置可分轮次和不同延时。云南电网第一轮频率定值设置为 50.8Hz。

（6）OPC 是指预防汽轮发电机组超速，避免机组转速超过 110% 额定转速而使汽机跳闸。在电力系统故障甩去部分负荷时，帮助提高电力系统的稳定性。云南火电机组 OPC 一般设置在 51.5Hz 及以上。

基于以上频率控制措施特点分析，云南异步互联电网调频控制措施配合原则如图 5-38 所示。

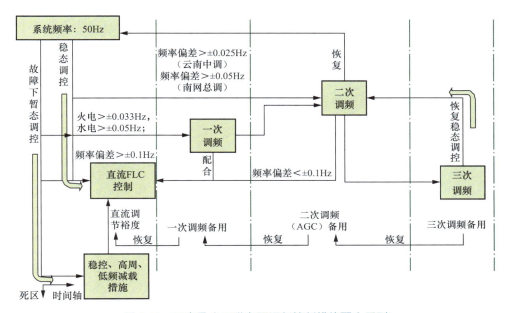

图 5-38　云南异步互联电网调频控制措施配合原则

对具体故障形态下的应对措施分析如下。

1. 直流单极闭锁

（1）楚穗、普侨直流单极闭锁采取稳控切机措施，将频率控制在 50.5Hz 以内（欠切），其他直流单极闭锁不依赖稳控措施。

（2）通过直流 FLC、一次调频措施，将频率控制在指标范围内（±0.2Hz）。

（3）不依赖高周切机措施（高周切机第一轮 50.8Hz）。

（4）若楚穗、普侨直流单极闭锁不采取稳控切机措施，则预控直流单极功率，使直流单极闭锁时云南电网频率不高于 50.8Hz。

2. 单一直流双极闭锁

（1）依赖稳控措施，直流双极闭锁时采取稳控切机措施，将频率控制在 50.5Hz 以内（欠切）。

（2）通过直流 FLC、一次调频措施，将频率控制在指标范围内（±0.2Hz）。

（3）采取稳控措施后，不依赖高周切机措施（高周切机第一轮 50.8Hz）。

3．直流单极闭锁

（1）楚穗、普侨直流单极闭锁采取稳控切机措施，将频率控制在 50.5Hz 以内（欠切），其他直流单极闭锁不依赖稳控措施。

（2）依赖高周切机措施，将系统恢复频率偏差控制在 ±0.5Hz 以内。

（3）通过直流 FLC、一次调频措施，将频率控制在指标范围内（50.2Hz 以下）。

4．不同直流双极闭锁

（1）由于单一直流双极闭锁切机为欠切原则，多个直流双极闭锁采取稳控措施切机后，切机容量不足量增大。

（2）不足部分依赖高周切机措施，将系统回复频率偏差控制在 ±0.5Hz。

（3）依赖直流 FLC、一次调频措施，将频率控制在指标范围内（±0.2Hz）。

5．直流双极相继闭锁、稳控措施拒动

（1）采取高周切机措施抑制电网频率升高，同时利用机组一次调频使云南电网频率恢复到安全范围（±0.5Hz）内。

（2）依赖直流 FLC、一次调频措施，将频率控制在指标范围内（±0.2Hz）。

6．损失电源

（1）依赖直流 FLC 调减直流功率，一次调频、AGC 动作，恢复云南电网频率在合格范围内（±0.2Hz）。

（2）无论直流 FLC 是否投入，不依赖低频减载措施。

（3）电厂送出线路 $N-2$ 稳控切机，采取低频减载措施，抑制电网频率降低并恢复频率到安全范围内（±0.5Hz），利用直流 FLC 调减直流功率，恢复云南电网频率到合格范围内（±0.1Hz）。

7．正常调频（稳态调频）

（1）由直流 FLC 功能、一次调频、AGC 功能配合调整有功平衡（±0.2Hz）。

（2）在直流 FLC 退出时，由一次调频、AGC 功能配合调整有功平衡（±0.2Hz）。

8．稳态、暂态调频控制措施的关键参数及要求

（1）送端电网直流 FLC：送端云南电网直流 FLC 正常投入。

直流 FLC 死区定值设为 0.1Hz。

电网高频时直流 FLC 的 10s 上调节能力之和不小于 2000MW（考虑直流

过负荷能力）。

电网低频时直流 FLC 的下调能力为直流额定容量的 50%。

（2）一次调频：云南电网机组一次调频正常投入。

火电机组一次调频死区为 ±0.033Hz，水电机组一次调频死区为 ± 0.05Hz。

火电机组调速系统转速不等率为 5%，水电机组调速系统转速不等率为 4%。

（对应单机旋转备用容量：5% 额定功率 /0.1Hz）。

电网高频时，云南电网一次调频下调节备用容量为 25% 额定功率 /0.5Hz（低谷、高峰方式 3500 ～ 6000MW）。

电网低频时，云南电网最小上调节备用容量为 550MW。

（3）AGC 调频：正常投入。

云南电网中调 AGC 主站调频死区为 ±0.025Hz，总调 AGC 主站调频死区为 ±0.05Hz。

云南电网内 AGC 调频最小备用容量为 300MW。

（4）稳控措施：正常投入。

楚穗、普侨、牛从、金中、永富直流均配置了直流稳控系统，发生直流闭锁故障时，按策略切相应主送电厂机组（小湾、金安桥、糯扎渡、溪洛渡、梨园、阿海、观音岩），楚穗、普侨、牛从直流另外各配置了约 2500MW 的备用切机容量（漫湾、大朝山、景洪、墨江、德宏片区、龙开口、鲁地拉等电厂）。

（5）高周切机措施：正常投入。

云南电网共设置了 12930MW 的高周切机容量，分 6 轮执行，每轮容量 2000 ～ 2500WM；涉及的 10 个电厂，切机对象优先选择直流配套电源。

（6）低频低压减载措施：正常投入。

共设置 8786MW（占 44%）的低频减载基本容量，分 7 个基本轮和 2 个特殊轮，切负荷比例分别为 4%、5%、6%、6%、6%、6%、6% 和 2.5%、2.5%。

5.4　小　　　结

为保障直流异步联网电力系统的安全稳定运行，根据电力系统的扰动按严重程度科学安排电力系统三道防线，同时，也通过在不断优化电网结构，确保了长期以来的安全稳定运行。

（1）完善第一道防线运行管理规范，保障系统充裕度。加强继电保护配置与开关运行维护，确保快速隔离故障，如主保护拒动的安全风险。采取优化后备保护、失灵保护定值进行设防。加强运行维护与传动试验，在一定程度上降低开关拒动导致的系统安全风险。充分发挥云南电网同源直流功率调制功能，可以避免同源直流故障导致的送受端出现大量不平衡功率，继而引发频率偏差越限问题，2016—2021年，逐渐将云南电网直流FLC向上调制能力由1000MW提升至3000MW，大大降低了直流送受端电网因高频、低频问题触发第三道防线动作的风险。

（2）构建坚强可靠的第二道防线，有效抵御严重故障冲击。按照"离线决策＋在线匹配"方式，在一定运行方式约束条件下，制定切机、切负荷、直流调制、新能源快速调节、解列线路等稳控措施，据此形成控制策略表，当系统发生实际故障时能够准确执行相关控制策略保障电网安全运行。

（3）科学制定第三道防线，防范大电网崩溃。第三道防线是电力系统最后一道防线，发挥故障灾害兜底、防止系统崩溃的重大作用。特别是多重组合故障、超出第二道防线预想策略等均由第三道防线装置采取措施，防止事故扩大和系统崩溃。一般而言，传统第三道防线不针对特定运行方式及故障形态，当系统发生失步振荡、频率异常、电压异常等情况时，通过分散布置的就地装置，依据本地电气量判据执行紧急控制措施。

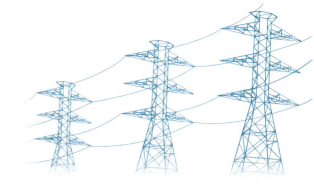

第6章

电力系统异步联网运行数字仿真技术

6.1 电力系统仿真技术概述

电力系统仿真就是根据原始电力系统建立模型，利用模型进行计算和试验，研究电力系统在规定时间内的工作行为和特征。电力系统仿真技术自诞生以来，一直在电力系统中发挥着举足轻重的作用。

现代电力系统是一个强非线性、高维数的系统，对其进行严格的仿真计算分析十分困难。近几十年来，随着电力系统技术和计算机技术的飞速发展，电力系统仿真技术也取得了巨大的进步，解决了很多电力系统规划、建设、生产运行、试验、研究和培训等方面的实际问题，在电力系统的发展过程中发挥了独特的作用。随着现代电力系统的快速发展，电力系统仿真将发挥更加重要的作用，同时也对电力系统仿真提出了更高的要求。

6.1.1 电力系统仿真分析的基本原理

仿真是指利用模型复现实际系统的行为过程，是一种有效且经济的研究手段。仿真一般可分为动态物理仿真和数字仿真。动态物理仿真是在系统的物理模型上进行试验的技术，数字仿真则是通过建立数学模型在计算机上实现。本章介绍的是电力系统数字仿真技术，是指建立电力系统网络及负荷等元件的数学模型，用数学模型在计算机上进行试验和研究的过程。

电力系统仿真分析是电力系统规划设计和调度运行的基础，涵盖范围广泛，包括从稳态分析、动态分析到暂态分析的各个方面。根据实时电力系统动态过程响应时间与系统仿真时间的关系，可分为非实时仿真和实时仿真；根据仿真的数据来源，又可分为离线仿真和在线仿真，其中在线仿真是实现在线预警和决策支持的必要手段。电力系统仿真分析涵盖电力系统、数学、计算机、通信等多学科技术领域，面对电力系统异步联网运行提出的要求，需要不断地引入先进的计算机和通信技术以及数学方法等，推动仿真分析技术在仿真的准确性、快速性、灵活性等方面的发展。

电力系统数字仿真分析方法包括稳态分析（潮流、网络损耗分析，最优潮流、静态安全分析，谐波潮流）、动态和暂态分析（电磁暂态仿真、机电暂态仿真、中长期动态仿真、小干扰稳定计算、电压稳定计算等）等。电力系统潮流计算主要是非线性方程组求解问题，现有算法有牛顿－拉夫逊法、PQ 分解法、保留非线性潮流算法和最优因子法等。其中，牛顿－拉夫逊法因其具有较好的收敛性和较快的收敛速度，应用较为广泛。为提高潮流计算的收敛性，有时将两种方法相结合，如 PQ 分解法转牛顿－拉夫逊法法。此外，还提出了潮流计算中的自动调整方法、适合实时计算的直流潮流算法、考虑不确定性因素的随机（概率）潮流方法、适合系统参数不对称情况的三相潮流算法，以及应用于电力系统电压稳定计算的多种病态潮流算法。

研究小扰动电压稳定问题的电力系统静态电压稳定计算方法常用的方法有奇异值分解法、灵敏度法、崩溃点法、非线性规划法、连续潮流法、非线性动力学方法等，其中连续潮流法应用较多。电压稳定的动态分析方法包括小干扰分析法和对大扰动电压稳定的时域仿真分析法、能量函数法等。电力系统暂态稳定计算需要求解系统的网络方程和微分方程，一般采用数值积分方法交替迭代求解，有时也采用直接法，应用最多的直接法为扩展等面积准则法。电力系统小干扰稳定计算的主要方法有特征值分析法、小干扰频域响应分析法、小干扰时域响应分析法，其中特征值分析法应用最为广泛。

6.1.2　电力系统仿真的分类

根据不同的标准，电力系统仿真可以分为不同的类型。

1. 物理仿真、数字仿真和数字物理混合仿真

根据仿真模型性质的不同，电力系统仿真可分为物理仿真、数字仿真和数字物理混合仿真。

物理仿真基于相似理论，将电力系统实际元件如换流阀、发电机、自动电压调节器（Automatic Voltage Regulator，AVR）、调速器、电动机、变压器、输

电线等，用参数成倍数缩小的真实物理元件模拟，物理仿真即常说的动模实验。

随着实际系统的发展，电力系统的规模和复杂程度发生了很大变化，动态模拟方法受到很大的限制。同时，随着数字计算机和数值计算技术的飞速发展，出现了用数学模型代替物理模型的新型模型系统，把建立数学模型并在计算机上做试验的过程称为电力系统数字仿真。

数字物理混合仿真又称数模混合仿真，采用的是数字仿真模型和基于相似理论的物理模型。在数模混合仿真中，通常采用的仿真方式是用基于微处理器或 DSP 芯片等数字仿真技术模拟电机等旋转元件，而直流换流阀、输电线路等难以得到其数字仿真模型或易于采用物理模型的电力系统元件，仍采用基于相似理论的物理模型进行模拟。

2．实时仿真和非实时仿真

根据实际电力系统动态过程响应时间与系统仿真时间的关系，电力系统仿真可分为实时仿真和非实时仿真。

实时仿真是指实时模拟电力系统各类过程，并能接入实际物理装置进行试验的电力系统仿真方式。也就是说，实时仿真能在一个计算步长内计算完成实际电力系统在该段时间内的动态过程响应情况并完成数据转换。目前，电力系统实时仿真在一定程度上能够做到统一模拟电力系统的电磁暂态过程、机电暂态过程以及后续的动态过程。

在电力系统非实时仿真中，系统仿真所需的时间往往要比实际电力系统动态过程响应的时间长得多，实际电力系统几毫秒的动态过程响应过程往往需要几秒钟甚至几分钟才能仿真计算完成。

3．在线仿真和离线仿真

根据仿真所采用的数据来源，电力系统仿真可分为在线仿真和离线仿真。

在线仿真是根据实际电力系统中的电网监控和数据采集与监视控制系统（Supervisory Control and Data Acquisition，SCADA）提供的实时状态数据进行仿真计算。

离线仿真是对电力系统的物理过程建立数学模型，再根据所搭建的仿真模型进行仿真计算，它与实际运行的电力系统没有直接联系。

4．频域仿真和时域仿真

根据仿真变量的不同，电力系统仿真可分为频域仿真和时域仿真。

频域仿真以频率为仿真变量，重点分析电力系统在频率领域的响应情况。

频域仿真的范围可从零到兆赫兹级，可覆盖从次同步振荡、暂态及次暂态过程直到系统行波的研究。利用系统特征向量及特征值对系统小干扰特性进行模式分析也可归纳为系统频域分析。通过计算系统的特征值并进行模式分析（特征值分析），从而能够研究系统的振荡特性，并测定和计算大型电力系统的稳定性、可控性、可观性及状态变量的衰减和振荡。以此为基础，能够方便地设计某些控制器以改善系统的某些动态特性，如电力系统稳定器（Power System Stabilizer，PSS）以阻尼系统振荡，并建立仅考虑主导状态变量的小干扰动态模型。

时域仿真以时间为仿真变量，重点分析电力系统在时间领域的动态响应情况。根据考察的动态过程不同，电力系统时域仿真可分为电磁暂态仿真、机电暂态仿真和中长期动态仿真，电力系统时域仿真示意图如图 6-1 所示。

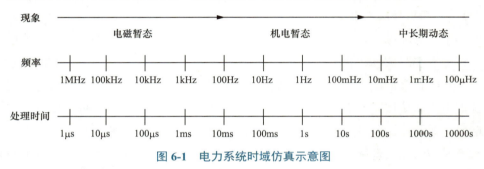

图 6-1　电力系统时域仿真示意图

5．研究用系统仿真和培训系统仿真

根据仿真目的的不同，电力系统仿真可分为以分析研究为目的的研究用系统仿真和以培训运行人员为目的的培训系统仿真。

研究用系统仿真主要应用于电力系统规划、生产、运行、试验和研究等。

培训系统仿真以培训运行、操作人员为目的，要求培训仿真环境尽可能逼真，要求仿真器的操作机构、仪表、信号和音响等与实际系统相同，使学员有身临其境的感觉，培养学员对系统环境的反应能力和判断能力，提高运行技术水平和操作水平。相对而言，培训系统仿真对于动态过程的计算精度和数学模型的要求不高，只由培训的要求决定。目前用于电力系统培训的仿真系统有电力系统调度培训仿真系统、发电厂单元机组培训仿真系统、变电站培训仿真系统和变电运行／继电保护培训仿真系统等。

6.1.3　电力系统仿真的发展趋势

随着电力系统的发展，对电力系统的安全可靠提出了更高的要求，同时，随着 HVDC、FACTS、安稳装置等大量先进技术的应用，对电力系统仿真技术也提出了新的要求，电力系统仿真技术必然也会随着电力系统的发展而快速发展。目前，电力系统仿真正在向下列几个方面发展：

1. 电磁暂态与机电暂态混合仿真

（1）电磁暂态与机电暂态混合仿真的必要性。一方面，基于基波、单相和相量模拟技术的电力系统机电暂态仿真程序不能仿真 HVDC 和 FACTS 等电力电子设备的快速暂态特性和 MOV 等非线性元件引起的波形畸变特性，机电暂态仿真程序对 HVDC 和 FACTS 的模拟采用的是准稳态模型，这难以真实反映其动态特性。另一方面，电磁暂态仿真程序虽然能较真实地反映 HVDC 和 FACTS 的动态特性，但受模型与算法的限制，其仿真规模不大，一般进行电磁暂态仿真时，都要对电力系统进行等值化简，这在一定程度上丢失了电网的一些固有特性。

随着 HVDC 和 FACTS 等电力电子设备和其他非线性元件广泛应用于电力系统，这些元件引起的波形畸变及其快速暂态过程对系统机电暂态过程的影响越来越大。此外，随着电网规模的不断扩大，利用电磁暂态仿真程序分析电网需要进行越来越多的等值简化。因此，相互独立的电力系统电磁暂态仿真程序和机电暂态仿真程序，已难以适应现代电力系统对仿真的要求，有必要进行电磁暂态与机电暂态混合仿真。

（2）电磁暂态与机电暂态混合仿真的发展趋势。电磁暂态与机电暂态混合仿真的发展有三种趋势：

1）由成熟的电磁暂态程序向机电暂态方向发展，使电磁暂态程序同时具备机电暂态过程的数学模型和仿真能力，以克服电磁暂态程序仿真规模小的不足。主要思路是把大规模电力系统分为需要进行电磁暂态仿真的子系统和仅进行机电暂态仿真的子系统，分别进行电磁暂态仿真和机电暂态仿真，在各子系统的交界处进行电磁暂态仿真和机电暂态仿真的交接。

2）由成熟的机电暂态程序向电磁暂态方向发展。主要思路是在机电暂态程序中对电力电子元件对机电暂态过程有重要影响的快速暂态过程和非线性特性进行电磁暂态模拟，以提高机电暂态程序的仿真精度。

3）电磁暂态程序与机电暂态程序进行接口。主要思路是直流输电系统、FACTS 等电力电子设备和其他非线性系统利用电磁暂态程序进行计算，步长较小；而交流系统利用机电暂态程序进行计算，步长可以取大一些。这样既可以计及频率较高的直流输电系统、FACTS 等的电磁暂态特性，又可以利用机电暂态程序能进行大规模电力系统计算的优势。

（3）电磁暂态与机电暂态混合仿真的关键技术。电磁暂态与机电暂态混合仿真需要解决的关键技术问题主要包括：

1）电磁暂态和机电暂态混合仿真的接口问题。电磁暂态计算的步长为微秒级（如 50 ~ 100μs），机电暂态计算的步长为毫秒级（如 10ms），两者相差百倍以上，因此，必须开发两者之间的数字混合接口，并选择适当的接口位置，以保证混合仿真的实时性和数值稳定性。

2）混合仿真中电磁部分和机电部分相互之间如何表达以及数据交换方式问题。

3）电磁暂态和机电暂态混合仿真的数据交换算法问题。电磁暂态仿真采用瞬时值，含有谐波并可能三相不对称，而机电暂态仿真采用基波相量并且三相对称，因此，要解决两者之间的实时数据交换问题。

4）混合仿真的预测技术问题。在电磁暂态和机电暂态混合仿真的数据交换过程中会存在一个机电步长的延迟，而电磁暂态仿真步长与机电暂态仿真步长相差很大，因此，必须利用预测技术，以提高仿真精确性和保持仿真数值稳定性。

2．全过程动态仿真

在电力系统远距离输电容量不断增加、输电网络重载问题日益突出的情况下，暂态稳定及电力系统在暂态稳定之后的长过程动态稳定（包括电压稳定性）问题将逐步成为电力系统安全稳定运行的主要问题。分析电力系统的长过程动态稳定性问题，避免发生大面积停电事故（如 1996 年美国西部联合电网发生的两次大面积停电事故），以及研究防止事故扩大的有效措施（即第三道防线），必将成为电力系统计算分析的一项重要内容。因此，电力系统长过程仿真程序的开发是非常必要的。

早期的电力系统长过程仿真软件，一般都忽略了扰动开始阶段的机电暂态过程，假设全网的机电振荡已平息，系统频率一致等。然而，电力系统的动态过程（从机电暂态过程到长过程动态）是连续发展并非截然分开的。机电暂态过程对中长期过程有影响，中长期过程对后续新的暂态过程也有作用。因此，在长过程仿真中，必然要对机电暂态过程进行仿真。因此，要求开发实用的电力系统全过程动态仿真软件。

电力系统全过程动态仿真就是把电力系统的机电暂态过程、中期过程和长期过程甚至电磁暂态过程有机地统一起来进行仿真。其特点是要实现快速的机电暂态过程和慢速的中长期动态过程统一仿真。这是典型的刚性系统，需要采用具有自动变阶变步长技术的刚性数值积分方法。

3. 大规模实时仿真系统

电力系统大量先进的控制和测量设备，如 FACTS 控制装置、直流输电控制装置、继电保护装置、安全稳定监控装置（包括广域测量装置等）都要经过实时仿真装置进行试验验证才能投入实际系统使用。因此，研发数字式或数模混合式电力系统实时仿真装置都是必要的。

此外，由于现代交直流电力系统越来越庞大，运行越来越复杂，大规模电力系统实时仿真系统作为一种高效、强大的分析工具也越来越引起人们的重视。

但是，目前的实时仿真装置（包括全数字和数模混合式）的仿真规模都不大，在大电网仿真试验时，都要进行大规模的等值简化，使实时仿真装置的应用，特别是大电网机电暂态和动态特性仿真研究方面，受到了很大的制约。

由于受实验室规模和物理设备的限制，数模混合式电力系统实时仿真装置的仿真规模不可能无限扩大。然而，随着计算机软硬件技术的快速发展、计算技术的不断提高、仿真技术的日益完善，近十几年来乃至今后的一段时间内，全数字式电力系统实时仿真装置对大规模电力系统实时仿真能力不断增强。

4. 电力系统全数字仿真

与物理仿真（动模）和数模混合仿真相比，电力系统数字仿真具有占地面积小、建设周期短、可扩展好、重复试验方便等优点，是电力系统仿真的主要发展方向。

同时，近年来，计算机软件和硬件技术快速发展，复杂电力系统元件模拟的精确度也得到了重大提高，同时，随着微处理器技术、现代数字信号处理技术、并行处理技术和电力系统数字计算并行算法的发展，数字仿真计算速度大大加快，这都使得电力系统全数字仿真得到了越来越广泛的应用。

5. 大规模电网在线实时分析及预决策

大规模电网的实时仿真计算也一直是电力系统追求的目标，如果能够达到实时或者超实时的仿真计算，那就可以重现或者复制实际运行的电力系统，这对电力系统的运行和分析研究是非常有意义的。

电网在线实时分析及预决策系统可以利用其灵敏度技术，在参数空间中得到稳定域的边界。同时，应用计算机领域中的可视化技术，将传统方式的信息表达转换为动态图像信息，通过先进的图形技术、显示技术将用数字、表格等传统方式表达的信息转换为实时图形图像信息。这样就可以将电力系统的潮流、电压稳定域、不稳定域和暂态稳定域用形象直观的可视图形表达出来。不论系统中相继发生了多少条支路的开断和多少个注入量的切除，运行人员仍然能够清楚地把握住系统的实际稳定程度和必要的稳控措施。

此外，当系统发生故障时，在线分析工具能在线采集到实际的运行工况，并在很短的时间内对该运行工况进行详尽的研究，不断刷新控制措施表，快速搜索对应于给定故障集并满足一定系统稳定裕度且控制代价最小的控制策略。

6. 数字电力系统

所谓数字电力系统，就是以三维空间信息技术为基础，对某一实际运行的电力系统的规划设计、物理结构、物理特性、技术性能、经济管理、环保指标、人员状况、科教活动等数字化、可视化、实时或准实时地描述与再现。

数字电力系统可以提高电力系统规划、生产运行和电力系统研究的效率，其包含的内容很多，工程庞大，但随着现代信息技术、计算机技术的快速发展，数字电力系统将会得到更快地发展和普及。

6.2　机电暂态仿真

6.2.1　机电暂态仿真软件

机电暂态过程的仿真主要研究电力系统受到大扰动后的暂态稳定和受到小扰动后的静态稳定性能。其中，暂态稳定分析是研究电力系统受到诸如短路故障，切除线路、发电机、负荷，发电机失去励磁或者冲击性负荷等大扰动作用下，电力系统的动态行为和保持同步稳定运行的能力。电力系统机电暂态仿真的算法是联立求解电力系统微分方程组和代数方程组，以获得物理量的时域解。微分方程组的求解方法主要有隐式梯形积分法、改进尤拉法、龙格—库塔法等，其中隐式梯形积分法由于数值稳定性好而得到越来越多的应用。代数方程组的求解方法主要采用适于求解非线性代数方程组的牛顿法。按照微分方程和代数方程的求解顺序可分为交替解法和联立解法。

目前，国内常用的机电暂态仿真程序是 BPA、PSASP 和 DSP。国际上常用的有美国 PTI 公司的 PSS/E，美国 EPRI 的 ETMSP，以及国际电气产业公司开发的程序，如 ABB 的 SYMPOW 程序，德国西门子的 NETOMAC 也有机电暂态仿真功能。

1. BPA

BPA 程序是由中国电力科学院引进、消化、吸收美国 BPA 程序开发而成。从 1984 年开始在我国推广应用以来，已在国内电力系统规划部门、调度运行部门、试验研究部门得到了广泛的应用，成为我国电力系统分析计算的重要工具之一。程序中包括详细的发电机模型和各种励磁模型，主要由潮流和暂态稳定程序构成，具有计算规模大、计算速度快、功能强大等特点。操作系统为Windows 9X/NT/2000 版。

BPA 程序的主要功能是进行大型交直流混合电力系统潮流、暂态稳定计算，同时还能进行短路电流计算和电网静态等值分析等。BPA 配备有较完善的辅助分析工具，包括单线图及地理接线图格式潮流图程序、稳定曲线作图工具，方便工作人员绘制潮流图及浏览潮流分布。

然而，BPA 程序没有用户自定义功能，程序中的 HVDC、FACTS 及其控制模型不够完善，难以反映交直流系统中的电磁暂态特性，同时与其他仿真程序之间的数据转换较为困难。

目前 BPA 程序在国内电网运行和调度部门乃至研究、试验和电力设计部门中都起到了举足轻重的作用，而且未来较长的一段时间仍然会在国内电网的分析计算中发挥着主导作用。

2. PSASP

电力系统分析综合程序（Power System Analysis Software Package，PSASP）是中国电力科学研究院自主开发的电力系统分析软件包，能够进行大型电力系统潮流、暂态稳定计算、静态安全分析、小扰动分析、电压稳定分析、系统等值等，还能完成一些辅助功能，如绘制潮流图、计算短路电流等。PSASP 突出的优势是具有用户自定义功能，提供用户程序接口，实现与用户程序联合运行、文本和图形两种运行模式及多种形式的结果输出。而且 PSASP 自带的元件模型和参数对国内使用有一定的针对性，目前在国家电网系统有较广泛的应用。

然而，PSASP 的 HVDC、TCSC 等 FACTS 设备模型不够详细，自定义功能实际使用有一定局限性。

3. DSP

交直流电力系统计算分析软件（Dynamic Simulation Program，DSP）由南

方电网科学研究院主持开发，具有完全自主知识产权，可以对网络规模达到数万节点的交直流混联大电网进行各种类型的仿真分析。成果历经十年研发，软件包基本涵盖了电力系统安全稳定分析所需的全部功能，既有潮流计算、短路计算、机电暂态与中长期动态仿真、静态电压稳定分析、小干扰稳定分析、动态等值等传统功能，也有机电 - 电磁暂态混合仿真、全电磁暂态仿真、多速率电磁 - 电磁混合仿真、谐波阻抗及谐波潮流分析等仿真新技术，形成功能完备的电力系统安全稳定计算分析软件平台。

6.2.2 传统电力系统机电模型

1. 同步发电机

交直流电力系统仿真中的发电机模型见表 6-1，在电力系统仿真中，发电机采用模型的类型根据不同的研究目的而有所不同。

表 6-1　　　　　　　　　交直流电力系统仿真中的发电机模型

序号	模型名称	模型描述
1	二阶模型	以 ω 和 δ 为状态，并认为 E' 恒定或 $E'q$ 恒定。近似计及励磁系统的作用，即认为励磁系统足够强，并能使暂态过程中维持 $X'd$ 后面的暂态电动势 E'（经典二阶模型）或 $E'q$（E' 恒定模型）恒定
2	三阶模型	$E'q$、ω、δ 为状态量，忽略定子绕组暂态（定子电压方程中，$p\Psi_d = p\Psi_q = 0$），并忽略阻尼绕组作用，只计及励磁绕组暂态和转子动态
3	四阶模型	在 q 轴转子上要计及和瞬变过程对应的 g 绕组，同时考虑了转子 f 绕组及转子动态，但 d 轴、q 轴转子仍忽略与超瞬变过程对应的 D 绕组、Q 绕组
4	五阶模型	$E'q$、$E''d$、$E''q$、ω 及 δ 为状态量，忽略定子绕组暂态（定子电压方程中，$p\Psi_d = p\Psi_q = 0$），但计及阻尼绕组 D、Q 以及励磁绕组暂态和转子动态
5	六阶模型	在五阶模型的基础上，计及转子超瞬变过程，且转子 q 轴要考虑 g 绕组
6	七阶模型	单独考虑与定子 d 绕组、q 绕组相独立的零轴绕组，计及 d、q、f、D、Q 五个绕组的电磁过渡过程（以绕组磁链或电流为状态量）以及转子机械过渡过程（以 ω 及 δ 为状态量）

七阶模型是最详细的发电机模型，但对于含有上百台发电机的交直流电力系统，如果每台发电机都采用七阶模型，再加上其励磁系统、调速器和原动机的动态方程，则将会出现"维数灾"，给交直流电力分析计算带来极大的困难。因此，在交直流电力系统机电暂态仿真中，常对发电机的数学模型做不同程度的简化，以便在满足交直流电力系统仿真精度要求的前提下提高仿真效率。

在参数不可靠的情况下，则采用二阶模型较为妥当。另外在系统很大，而精确要求不高时，也可采用二阶模型，以提高仿真效率。但由于二阶模型没有模拟励磁系统，仿真中会产生一定的误差：对于快速响应、高顶值倍数的励磁系统，若发电机采用二阶模型，暂态稳定分析结果往往偏保守；相反对于慢响应、低顶值倍数的励磁系统，则采用二阶模型结果可能偏乐观。

当要计及励磁系统动态时，最简单的模型就是三阶模型。由于三阶模型简单而又能计算励磁系统动态，因而广泛地应用于精度要求不太高，但仍需计及励磁系统动态的交直流电力系统仿真中。当计算中需了解定子暂态中的瞬时值电量（如电磁暂态问题）或转子运动中的瞬时力矩（如轴系扭振问题）时，采用三阶模型会引起很大误差。

四阶模型和三阶模型常用于可忽略转子绕组超瞬变过程但又需考虑到转子绕组瞬变过程的物理问题。其中，三阶模型适用于 $X'q \approx Xq$ 的情况，对描述水轮机更为适用；四阶模型则在 Xq 与 $X'q$ 相差较大时，相对三阶模型更能精确地描写转子 q 轴绕组的暂态，对描述汽轮机实心转子更为适用。当令 $X'q \approx Xq$ 时，亦即 q 轴转子无 g 轴绕组时，四阶模型就转换为三阶模型。

五阶模型更适用于水轮机，而六阶模型有利于描述实心转子的汽轮机，对汽轮机转子 q 轴的整个暂态过程用时间常数不同的两个等值绕组，即反映瞬变过程的 g 绕组和反映超瞬变过程的 Q 绕组来描述，比五阶实用模型更为精确。

上述实用模型中均假设：在定子电压方程中 $p\Psi_d = p\Psi_q = 0$，$\omega \approx 1$（p.u.）。因此对一些需要计及定子暂态，或速度变化较大的暂态分析，则不宜采用上述实用模型。

2. 输电线路

在电力系统机电暂态仿真中，输电线路一般采用基频下的集中参数模型，从而可以用代数方程来描述输电线路，实现全系统的机电暂态仿真。集中参数模型包括等值电阻模型、π 型等值线路模型和 π 型等值线路串联模型等。

π 型等值线路模型利用集中参数 R、L 和 C 模拟线路的电阻以及感性和容性效应。π 型等值线路串联模型则采用多级集中参数的 π 型等效电路级联来模拟线路的分布参数效应。

3. 负荷

负荷模型可分为负荷静态模型和负荷动态模型。

负荷静态模型反映了负荷有功、无功功率随频率和电压缓慢变化而变化的规律，用代数方程表示。而在交直流电力系统仿真实际应用中，一般将负荷静态模型表示为恒阻抗、恒电流和恒功率负荷的组合。有时，还进一步近似认为负荷全部为恒阻抗负荷，又称之为线性负荷模型，从而极大地加快仿真计算速度。

负荷动态模型反映了系统电压和频率快速变化时负荷的动态特性，用微分方程表示。由于交直流电力系统的动态负荷主要是感应电动机，因此通常用感应电动机模型作为负荷动态模型。负荷动态模型可分为考虑感应电动机机械暂态过程的负荷动态模型、考虑感应电动机机电暂态过程的负荷动态模型、考虑感应电动机电磁暂态过程的负荷动态模型。

4．全数字电力系统仿真器

全数字电力系统仿真器（Advanced Digital Power System Simulator，ADPSS）是中国电力科学研究院近期开发的全数字电力系统仿真器。该装置基于国产的8节点集群计算机（联想 iCluster1800，曙光 TC1700），高速网络通信系统由 Myrinet 和 1000M、100M 以太网构成，软件基于 Linux 平台，机电暂态并行仿真和电磁暂态并行仿真软件都是中国电科院自主开发，并开发了机电暂态仿真软件和电磁暂态仿真软件的接口。ADPSS 分控制台和计算集群系统两部分。控制台主要进行人机交互工作，而计算工作全部在集群计算机上完成。

该装置能进行 10000 个节点的大规模电力系统机电暂态实时仿真，5 台发电机、20 条线路的一定规模电力系统电磁暂态实时仿真。同时可以对大规模电力系统进行机电暂态和电磁暂态混合实时仿真，即在一个电网的仿真计算中，对局部电网或个别元件进行电磁暂态仿真计算，与此同时，电网其他部分进行机电暂态仿真计算，两部分边界点的计算结果和参数通过接口进行实时交换和处理使之总体一致。

该装置可以连接 EMS 的实测实时数据进行计算，并可以连接继电保护、PSS 控制装置等进行闭环测试。该装置的 MATLAB 接口，可以将商用软件 MATLAB 与机电暂态仿真器和电磁暂态仿真器连接，使得该电力系统数字仿真装置能够与商用软件 MATLAB 进行联合计算，增强了通用性。

6.2.3　电力电子设备机电模型

1．新能源设备

（1）双馈风电系统模型。采用双馈电机的变速风电系统的控制目标是控制发电机与系统之间的无功交换和其发出的有功功率，使风电机组保持在最优运行点，在高风速时限制功率输出。电气控制相对机械控制而言速度比较快，由于电力电子设备的采用，电气控制系统反应速度更快，整个控制系统也比较复杂。涡轮机的控制属于慢速控制，而双馈电机的控制属于快速控制。

双馈电机控制包含两个方面：①转子侧的换流器控制，独立控制与电网交换的有功、无功功率；②电网侧的换流器控制，控制直流侧的电压，保证转子侧的功率因数为 1。

风轮机的控制速度相对较慢，包括两个控制，即速度控制和功率限制控制，其既包含桨距角控制，为桨距角控制系统提供桨距角参考值，同时又为双馈电机控制 提供有功运行点。

双馈风电系统机电暂态模型主要包括以下几个部分：双馈风电机组模型、轴系模型、风功率模型、桨距角控制系统模型、正常运行状态下有功控制模型、正常运行状态下无功控制模型、有功无功电流限制模型、低电压高电压状态判断模型、低电压穿越状态下有功控制模型、低电压穿越状态下无功控制模型、频率控制模型、功率转速曲线、发电机转子电压控制模型、网侧变频器有功控制模型以及低电压穿越保护模型等。

（2）直驱风电系统模型。直驱风电机组大多采用多极永磁同步发电机，通过电压源换流器并网。直驱风电机组是通过换流器（包括机侧和网侧换流器控制）将发电机与电网完全隔离，发电机侧换流器控制发电机的输出功率，从而配合原动机控制系统实现风机的气动效率；电网侧换流器隔离电网对发电机的影响，且实现直驱风电系统的并网。

直驱风电机组换流器是一个类似背靠背直流的全功率换流器，但其容量更大。风机为了获得较好的气动效率，需要在不同的风速下以相应的转速运行，这导致了发电机的电压和频率都是随风速变化。发电机侧的换流器可独立控制其端电压和频率，使发电机的频率和电压都可以跟踪风机的理想优化转速，无需受到电网电压和频率的影响；电网侧换流器通过其并网电压幅值、相角和频率的控制，来实现与发电机侧换流器的协调运行和并网功能。

直驱风电系统机电暂态模型主要包括以下几个部分：直驱风电机组模型、正常运行状态下有功控制模型、正常运行状态下无功控制模型、有功无功电流限制模型、低电压高电压状态判断模型、低电压穿越状态下有功控制模型、低电压穿越状态下无功控制模型、低电压穿越保护模型、频率控制模型、功率风速曲线等。

（3）光伏发电系统模型。光伏发电系统中使用的逆变器是一种将太阳能电池所产生的直流电能转换成交流电能的转换装置。其控制光伏方阵的负荷工作在光伏方阵最大功率点位置，最大程度利用光伏方阵输出功率；同时，它使转换后的交流电的电压、频率与电力系统向负荷提供的交流电的电压、频率一致。

光伏发电系统机电暂态模型主要包括以下几个部分：光伏发电模型、正常运行状态下有功控制模型、正常运行状态下无功控制模型、有功无功电流限制模型、低电压高电压状态判断模型、低电压穿越状态下有功控制模型、低电压穿越状态下无功控制模型、频率控制模型等。

（4）储能系统模型。储能系统模型主要包括储能模型和 VSC 并网换流器控制系统模型。

2. 直流设备

（1）恒功率模型。在交直流电力系统仿真分析中，若直流系统电气距离较远，且其两端的交流系统较强，则它对系统稳定性分析结果影响不大，可以用很简单的模型来表示，如将直流系统描述为在两端换流母线处消耗或注入恒定有功功率和无功功率，这种 HVDC 模型称为恒功率模型。

（2）准稳态模型。在交直流电力系统稳定性研究中，对直流换流器普遍采用准稳态模型。换流器准稳态模型基于以下前提条件：①换流母线电压是对称正弦波，且频率恒定；②换流变压器三相平衡，并忽略其内电阻；③平波电抗器电感极大，使得直流电流平直、无纹波；④阀的特性是理想的，即其通态正向压降和断态漏电流为零；⑤各桥阀以等相位间隔依次轮流触发。

单桥六脉动换流器的准稳态模型可以描述为以下一组用直流量平均值和交流基波分量有效值表示的方程式

$$U_d = \frac{3\sqrt{2}}{\pi} E \cos\alpha - \frac{3}{\pi} X_c I_d \tag{6-1}$$

$$I \approx 0.78 I_d = \frac{\sqrt{6}}{\pi} I_d \tag{6-2}$$

$$\cos\phi \approx \frac{U_d}{\frac{3\sqrt{2}}{\pi}E} = \frac{U_d}{U_{d0}} \quad (\phi \in 第 \text{I} 象限) \tag{6-3}$$

$$\begin{cases} P_d = U_d I_d \\ Q_d = P_d \tan\phi \end{cases} \tag{6-4}$$

式中 E——线电压有效值；

α——触发角；

U_{d}、I_{d}——平波电抗后的直流电压、电流；

$\quad\quad I$——交流相电流；

$\quad\quad X_{c}$——换相电抗；

$\quad \cos\phi$——功率因数；

$\quad\quad U_{d0}$——最大开路直流电压；

P_{d}、Q_{d}——换流器从交流系统吸收的有功功率、无功功率。

在换流器准稳态模型假设条件中，换流母线电压恒定，故多桥换流器中的各六脉动换流桥是解耦的。假设多桥换流器中各六脉动单桥对称，则该多桥换流器的直流电流与六脉动单桥相同，而多桥换流器的直流电压和直流功率为六脉动单桥的整数倍。

与直流系统暂态模型相比，准稳态模型比较简单，仿真步长可以取较大数值（一般为毫秒级，比电磁暂态计算步长大两个数量级左右），计算所需时间较短，当交流系统对称时，其仿真精度能满足一般的交直流电力系统稳定性分析要求。

然而，直流系统准稳态模型也存在一定的缺陷：

1）该模型中没有模拟 HVDC 阀桥及其触发系统，因此，其对 HVDC 的仿真精度有限，同时可模拟的直流系统故障种类也有限。

2）该模型是以换流母线三相交流电压对称为前提条件的，而交流系统不对称故障期间，通常换流站交流母线的电压不再对称，准稳态模型难以准确描述此时 HVDC 的动态行为。

3）该模型只考虑系统基波特性，对 HVDC 的谐波特性没有模拟。

4）该模型没有考虑换流站的各种损耗，计算中无功计算值会引起较大的误差。

5）认为换流变压器是理想的，没有模拟换流变压器饱和等特性。

6）模型中没有模拟换流阀的电压和电流，故只能根据逆变器熄弧角的大小粗略地判断是否发生换相失败。

3．电力电子设备机电模型的局限性

机电暂态仿真软件在交直流电力系统的运行和调度部门乃至研究、试验和设计部门中都得到了广泛的作用，而且未来较长的一段时间仍然会在交直流电力系统的分析计算中发挥着主导作用。但随着交直流电力系统的快速发展，机电暂态仿真软件在实际应用中的一些不足之处也逐渐显现出来。

（1）机电暂态仿真软件中 HVDC、FACTS 及其控制模型不够完善。机电暂态仿真软件在开始开发时，对 HVDC、FACTS 及其控制模型考虑得较少，虽然这几年在修订版本增加了一些 HVDC、FACTS 元件及其控制模型，但还是无法赶上 HVDC、FACTS 的器件及其控制的发展速度。另外一些设备制造商出于技术和商业利益的考虑，也不愿意公开有关电路的控制模型，实际计算中只能根据工程经验用典型模型来代替，这样必然影响了计算的精度。

（2）机电暂态仿真软件不能精确反映交直流系统中的电磁暂态特性。BPA 作为一种典型的机电暂态仿真程序在离线计算中已经得到了业界的认可，但 BPA 程序不能准确反映交直流系统中的电磁暂态特性。

6.2.4 应用案例

应用 DSP 对某年丰大方式下云南电网外送各直流闭锁故障引起的云南电网频率稳定问题进行仿真计算分析，具体计算结果如表 6-2 及图 6-2 ～图 6-10 所示。

表 6-2　　　　　　　　直流闭锁故障下云南电网最高频率

序号	故障名称	损失功率（MW）	最高频率（Hz）
1	牛从直流单极闭锁	1600	50.31
2	糯扎渡直流单极闭锁	2500	50.49
3	楚穗直流单极闭锁	2500	50.45
4	牛从直流双极闭锁	3200	50.61
5	金中直流双极闭锁	3200	50.55
6	糯扎渡直流双极闭锁	5000	51.01
7	乌东德广西侧单极闭锁	1500	50.27
8	乌东德广西侧双极闭锁	3000	50.52
9	乌东德广东侧单极闭锁	2500	50.46
10	乌东德广东侧双极闭锁	5000	50.90
11	乌东德云南侧单极闭锁	4000	50.70
12	乌东德云南侧双极闭锁	8000	51.41

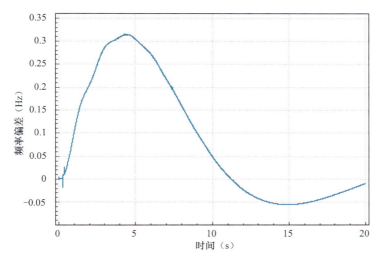

图 6-2　牛从直流单极闭锁频率偏差曲线

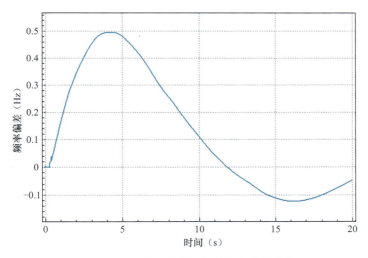

图 6-3　糯扎渡直流单极闭锁频率偏差曲线

从计算结果可以看出：

（1）当发生 3200MW 以下功率直流闭锁故障时，不采取稳控切机控制措施，系统暂态过程中最高频率在 50.6Hz 以下。当乌东德直流发生云南侧 4000MW 单极闭锁故障时，系统最高频率达 50.7Hz，已接近现有高周第三道防线动作定值 50.8Hz。

（2）当乌东德直流发生云南侧 8000MW 双极闭锁故障时，不采取切机措施的情况下，系统最高频率已接近 51.42Hz，接近云南电网火电机组 OPC 动作定值，存在机组无序跳闸的风险，切除 5000MW 云南电网机组后（乌东德、鲁地拉和龙开口），系统最高频率在 50.6Hz 以下。

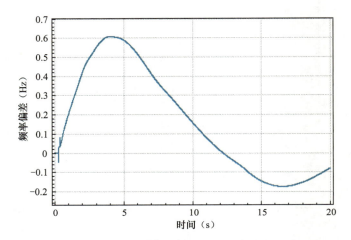

图 6-4　牛从直流双极闭锁频率偏差曲线

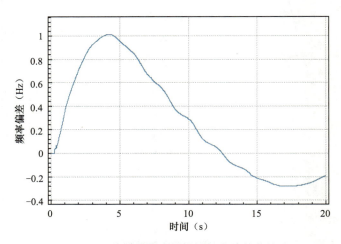

图 6-5　普侨直流双极闭锁频率偏差曲线

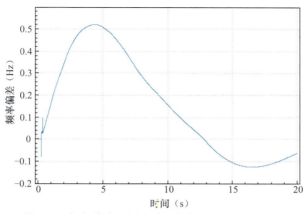

图 6-6　乌东德广西侧直流双极闭锁频率偏差曲线

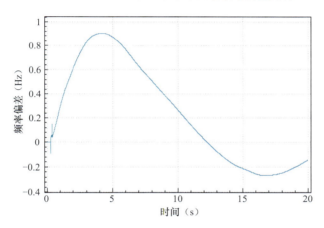

图 6-7　乌东德广东侧直流双极闭锁频率偏差曲线

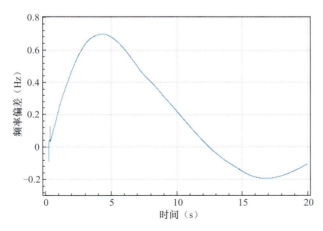

图 6-8　乌东德云南侧直流单极闭锁频率偏差曲线

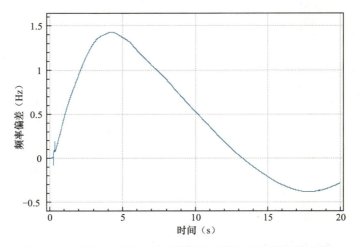

图 6-9　乌东德云南侧直流双极闭锁（不切机）频率偏差曲线

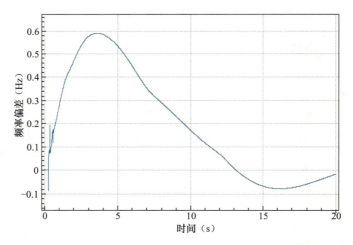

图 6-10　乌东德云南侧直流双极闭锁（切机 **5000MW**）频率偏差曲线

6.3　电磁暂态仿真

6.3.1　电磁暂态仿真分类

1. 电力系统非实时仿真

目前，国内外常用的电磁暂态仿真程序有 EMTP（Electro-Magnetic Transient

Program）、加拿大 Manitoba 直流研究中心的 PSCAD/EMTDC、中国电力科学研究院的 EMTPE 和德国西门子公司的 NETOMAC 等。其中 PSCAD/EMTDC 和 EMTPE 都是在 EMTP 的基础上进行开发的。

（1）EMTP/ATP。EMTP 由加拿大 H.W.Dommel 教授创立，经很多专家努力改进而日臻完善，美国的邦纳维尔电力局等单位对该程序的开发也作出了很大的贡献。

我国于 20 世纪 80 年代引进 EMTP 程序后，很快受到有关部门的重视。原电力部还成立了 EMTP 工作组（设在中国电科院系统所）。目前，EMTP 已在科研、设计、运行及制造等部门有了广泛的应用。

ATP（The Alternative Transient Program）是 EMTP 的免费独立版本，正式诞生于 1984 年，它可以模拟复杂网络和任意结构的控制系统，数学模型广泛，除用于暂态计算，还有许多其他重要的特性。

ATP 配备有比 TACS（控制系统）更灵活、功能更强的通用描述语言 MODELS 及图形输入程序 ATPDraw。

EMTP/ATP 的主要功能有包括雷电过电压研究、操作过电压和故障分析、系统过电压研究、接地等现象的快速暂态分析、设备建模和分析、电机启动过程动态仿真、变压器及并联电抗器 / 电容器的开断分析、铁磁共振现象的研究、断路器电弧和冲击电流研究等。

但 EMTP 界面不够友好，建模格式较为严格，一旦出错很难查找纠正，比较难掌握，而且国内代理的技术支撑不足。

该程序主要用于分析交流系统电磁暂态过程，目前在国内有较广泛的应用。但在直流系统仿真方面，EMTP 不如 PSCAD/EMTDC 应用广泛。

（2）PSCAD/EMTDC。PSCAD/EMTDC 程序是加拿大曼尼托巴直流研究中心（Manitoba HVDC Research Centre）自 20 世纪 70 年代中期起开发的电磁暂态数字仿真程序，其中 EMTDC 是仿真的核心程序，PSCAD 是与 EMTDC 结合的图形用户界面，它极大地增强了 EMTDC 的能力，使得用户可以在一个完全集合的图形环境下构造仿真电路及其运行、分析结果和处理数据，保证并提高了研究工作的质量和效率。

PSCAD/EMTDC 基于三相时域模型，对交流系统不对称故障期间的仿真计算同样具有适用性。PSCAD/EMTDC 程序采用的直流六脉动阀组模型中，集成了触发控制、阀解闭锁控制和触发角、熄弧角测量，同时还包括了阀阻尼回路和锁相环。

PSCAD/EMTDC 程序计算步长采用几十微秒（甚至可以更小），能比较精确地模拟交直流输电系统中的电磁暂态特性。此外，PSCAD/EMTDC 程序采用了插值（Interpolation）算法，即使电压电流过零点、开关投切或晶闸管通断等物理过程发生在计算步长之内，PSCAD/EMTDC 程序也能通过插值算法精确确定电压电流过零点、开关投切以及晶闸管通断的时刻，所以PSCAD/EMTDC 程序能精确地测量出直流系统的触发角（Alpha）和熄弧角（Gamma），因为触发角和熄弧角是通过换相电压过零点和阀的通断信息计算得出的。如当计算步长采用 50μs 时，如果不采用插值算法，熄弧角的测量误差大约为 1°，如果采用插值算法，熄弧角的测量误差大约只有 0.001°。

而换流阀的熄弧角是判断直流系统是否发生换相失败的重要参数。所以，PSCAD/EMTDC 程序可以对交流系统在对称故障和不对称故障情况下直流系统的响应进行准确的分析，包括判断是否发生换相失败以及换相失败后的恢复等。同时，利用 PSCAD 的控制元件可以搭建起直流输电详细的控制系统和保护系统，与换流阀的触发控制和解闭锁控制接口后形成完整的换流系统，纳入整个交直流主回路中后，可以对直流动态性能和交直流系统相互影响等大量涉及暂态过程和直流控制保护系统行为的问题进行研究。目前 PSCAD/EMTDC 程序已成为各直流输电设备制造商和电力研究机构普遍采用的进行直流输电系统动态特性研究的数字仿真工具。

PSCAD/EMTDC 主要应用于交直流系统相互影响研究、直流输电系统控制保护软件设计和参数设置、过电压与绝缘配合、直流输电系统动态性能研究、SSR 研究以及 FSC 和 TCSC 性能研究等。

但大规模电网 PSCAD/EMTDC 仿真的计算速度较慢且模型搭建工作量较大，需要对电网做一定的等值。

（3）EMTPE。EMTPE（Electro-Magnetic Transient & Power Electronics）是电力系统电磁暂态及电力电子数字仿真软件包。它由中国电力科学研究院系统所在 EMTP 基础上开发改进而成，运行于基于 WINDOWS 操作系统的微机上。

与 EMTP 相比，EMTPE 增加了一些新功能。尤其是在电力电子仿真的方面，不仅增加了新的元件模型，同时也采用了新的计算方法，以解决现有 EMTP 仿真中出现的问题，这是 EMTPE 的一大特色。

EMTPE 软件包主要由以下几个部分组成：

1）EMTPE 工作平台。EMTPE 工作平台软件是运行在 WINDOWS 操作系统下的电力系统电磁暂态集成操作环境软件，可提供编辑、运行、输出、打印和绘图等一系列功能。在此集成操作环境中，用户可以方便地进行电力系统电磁暂态计算、元件参数支持程序计算和操作过电压下线路绝缘闪络率计算，编辑和处理 EMTPE 各计算程序的输入和输出，启动 EMTPE 图形处理程序等。

2）EMTP/EMTPE 电磁暂态及电力电子数字仿真的核心运算程序 TRAN。该程序是 EMTPE 的核心程序，可进行电力系统时域和频域仿真。

3）EMTP/EMTPE 支持计算程序 TSUP。该程序用来计算并提供 TRAN 中所需要的有关元件参数。

4）闪络率计算程序 STNTRAN。该程序是 EMTPE 中新增加的模块，用来计算统计操作过电压下输电线路的绝缘闪络率，也可用于其他电气绝缘配合计算和分析。

5）图形输出程序 PTC。该程序是一个运行在 WINDOWS 操作系统环境下的图形分析程序，它用图形和曲线的方式，输出 EMTPE 时域和频域仿真结果，并提供灵活的图形编辑及辅助分析功能。

（4）NETOMAC。NETOMAC 是德国西门子公司自 20 世纪 70 年代起开发的大型电力系统分析软件，它可以模拟电力系统中几乎所有的元件（包括 HVDC 和 FACTS），是一个可对包含网络、电机、开环和闭环控制器的电力系统进行各种仿真计算的大型程序，能进行电力系统稳态、电磁暂态、机电暂态乃至中长期动态等过程的仿真计算。

经过多年的发展，该软件不断完善，功能日益强大，具有时域仿真、频域分析和辨识、优化、网络等值、轴系扭振计算等多种功能，并提供了很强的用户自定义功能，具有良好的开放性，可嵌入用户自行编制的 FORTRAN 语言子程序、数学表达式等。该软件元件模型全，采用模块化语言来模拟发电机励磁，原动机调速器、汽轮机等。具有 80 多种模块，其中有积分、惯性等基本积分环节，也有较大的组合模块，是目前国际上集成化程度较高的电力系统分析软件。

NETOMAC 为研究大型电力系统提供了丰富灵活的仿真手段。NETOMAC 不仅可以在时域仿真电力系统稳态、电磁暂态、机电暂态乃至中长期动态等过程，而且还可以计算系统的特征值以及进行系统的频域仿真分析。

此外，在时域仿真方面，将电磁暂态仿真模式和机电暂态仿真模式集成在同一界面是 NETOMAC 仿真软件包的另一个特色。

NETOMAC 程序也可以在频域和时域内进行参数辨识和优化。如可以根据异步电动机的转矩—滑差曲线和启动电流倍数等数据进行等效电路参数的辨识。还可以进行负荷动态等值，如根据变电站母线的有功、无功功率变化的动态特性，将母线上的各种负荷用等值感应电动机和部分恒定阻抗等效。能在等式、不等式约束条件下对用户自定义的目标函数进行优化，如优化潮流，在节点电压不越限的约束条件下，决定变压器分接头的位置和节点负荷的大小，使网损最小，优化节点负荷，将联络线潮流维持在整定值。还能对发电机电压调节器的参数进行优化，使其具有更好的动态性能指标。

NETOMAC 的另一个重要特性就是可以通过网络数据分块，使机电暂态模式和电磁暂态模式并行计算，同时，在同一模式下的几个网络数据分块可以用不同的计算步长进行仿真，通过控制器可以把几个分块连接起来。

另外，NETOMAC 可以与实时数字仿真器 RTDS 对接，将 NETOMAC 的机电暂态计算和 RTDS 的电磁暂态计算相结合，为大系统及包含多个灵活交流输电设备和高压直流输电的复杂系统的实时仿真提供了一个经济可行的解决方案。

但是，NETOMAC 使用掌握较困难，要充分发挥其功能需要一定的专业经验和较高仿真技术水平。虽然 NETOMAC 程序同时具有电磁暂态仿真和机电暂态仿真功能，但在实际应用中该程序在电磁暂态仿真方面较少使用。同时，NETOMAC 潮流计算收敛性较差，输入/输出界面不友好，阅读困难，无法方便绘制地理接线图格式的潮流图，软件维护及升级并不方便。

2．电力系统实时仿真

电力系统数字实时仿真基于现代计算机技术和信息技术，要求在一个时间步长里完成各种状态量的求解计算，以设备测试为目的的实时仿真还要求在同一步长内完成数模/模数转换和功率放大等。

所有的数字实时仿真系统，无论其采用什么样的硬件平台，其共同特点都是基于多 CPU 并行处理技术，由系统仿真时下载到该 CPU 的软件来决定该 CPU 模拟什么电力系统元件，因此，在时间步长和 I/O 设备的频宽满足要求的情况下，系统的一次元件模型只取决于软件而与硬件无关，这个显著的特点为用户对未来新元件的仿真提供了充分的发展空间。

下面介绍国内外几种典型的数字实时仿真系统。

（1）实时数字仿真器（Real Time Digital Simulation System，RTDS）。RTDS 是国际上研制和投入商业化应用最早的数字实时仿真装置，也是目前世界上使用最多，被最广泛采用的电力系统实时数字仿真装置，它由加拿大RTDS 技术公司研制。

全数字式实时仿真器 RTDS 由计算软件（RSCAD）、计算处理和接口等硬件设备（Rack）组成，包括配套的工作站或微机，可以连续和实时地模拟电力系统的电磁暂态和机电暂态现象，典型的仿真步长为 $50 \sim 80\mu s$。由于RTDS 能够维持实时条件下的连续运行，实际的控制保护设备就可以连接到RTDS 进行闭环试验以分析和研究控制保护设备的性能，同时 RTDS 也可实时仿真大型交直流混合电力系统。

南方电网技术研究中心 RTDS 实时数字仿真系统由实时数字仿真器RTDS、SIMIT 仿真器、SIEMENS（天广或贵广）实际直流控制保护装置、南瑞（三广）、中南通道等实际直流控制保护装置以及与实际装置连接的接口设备构成。

仿真系统所配置的 RTDS 仿真器有以下特点：

1）采用了 RTDS 公司最新推出的第四代电力网络计算卡——GPC 卡。GPC 卡不仅具有解网络功能，还能进行元件计算，而且每个 Rack 可以多个GPC 卡共存，同时，GPC 卡可以进行小步长仿真计算，其仿真步长可以达到 $1 \sim 2\mu s$，能分析具有快速关断特性或非线性特性很强的电力系统元件，如STATCOM 等。

2）采用了最新的人机界面软件 RSCAD，其新增的单线图功能以及相关的模型库、分层的建模结构使大系统的仿真建模更加方便，而新增的潮流计算功能使被仿真的系统能够更好地建立动态仿真的初始稳态。

3）仿真系统所配置的 RTDS 仿真器既能够与实际直流控制保护装置相连接进行实时闭环仿真，还具有详细的直流软件模型，可同时进行具有多个直流系统的电网动态仿真。

4）RTDS 对直流输电系统换流器的仿真采用了改进点火脉冲算法，在实时仿真步长为 $50 \sim 80\mu s$ 条件下，点火脉冲触发时间精度可以达到 $1 \sim 2\mu s$ 的分辨率，该精度可以满足 SSR 阻尼控制研究的要求。

（2）HYPERSIM 系统。HYPERSIM 是加拿大魁北克 TEQSIM 公司开发

的一种基于并行计算技术、采用模块化设计、面向对象编程的电力系统全数字实时仿真系统，其技术依托于魁北克水电研究所（IREQ）。HYPERSIM 目前具有 UNIX、Linux、Windows 3 种版本，既可在 SUN UNIX 工作站或 Linux/Windows PC 机上进行离线仿真，也可在 SGI Unix 超级计算机或 Linux PC-Cluster 上与实际电力系统器件连接而进行实时在线仿真。HYPERSIM 提供了电磁仿真的准确性、并行处理器强大的计算能力以及离线仿真的灵活性，比传统的模拟仿真器应用更加灵活、简单、价廉，可用于电力系统、电力电子及电机拖动分析，用于 HVDC 及 FACTS 设备动态性能测试，以及控制系统性能测试、继电保护和重合闸装置闭环测试等。

HYPERSIM 硬件采用基于共享存储器的多 CPU 超级并行处理计算机如 SGI2000 或多 CPU 的并行计算用的 Alpha 工作站。HYPERSIM 软件包由图形用户界面模块 HYPER、代码生成模块、波形显示及分析模块 SPECTRUM 和命令控制模块 CNTR 组成，其软件核心是 EMTP 程序。

HYPERSIM 包含了丰富的电力系统及控制系统元器件，包括发电机、变压器、线路、HVDC 变换器、交直流电动机、电阻器、电容器、电感器、SVC 等，以及非线性元件如避雷器、变压器饱和非线性负荷等，开关器件有理想开关、断路器、晶闸管、二极管、GTO 等。HYPERSIM 具有强大的建模能力，对简单的控制系统，可采用 HYPERSIM 的控制器件建模；对复杂控制系统，可采用 HYPERSIM 的用户代码模块（UCB）功能建模或与 MATLAB 接口用 SIMULINK 工具箱设计控制系统。

HYPERSIM 采用并行算法，将仿真系统分解为多个并行子任务，并分配到可用的处理器中，从每一仿真时步开始，分别计算每个子任务，仿真时步结束，各子任务相互交换信息。HYPERSIM 采用固定步长隐式梯形法，将储能元件如电感器、电容器等值为电阻并联电流源，建立节点导纳矩阵，采用节电导纳方程求解网络变量。每一仿真时步用节点导纳矩阵和注入电流求解节点电压。当网络拓扑因开关动作改变时，修改节点导纳矩阵，采用 LU 分解法重新对节点导纳矩阵求逆。

HYPERSIM 是一个开放结构的仿真软件，具有许多方便灵活的接口。例如，通过 UCB 接口，提供用户一个开发环境和集成方法，增加 HYPERSIM 建模能力和应用灵活性；通过 MATLAB 接口，可充分发挥商业软件的优势，提高仿真文件的开发效率；通过 EMTP 接口，可将 EMTP 和 HYPERSIM 仿真文件相互转换，因而对常规电磁仿真程序完全兼容；通过 A/D（模／数）、D/A（数／模）接口，可将外部硬件设备连接到 HYPERSIM 模拟的电力系统环境中，形成闭环回路，从而实现对 FACTS、继电保护、自动重合闸等设备的实时闭环测试。此外，用户还可通过命令控制模块 CNTR 进行 HYPERSIM 二次开发，进行更为复杂和特殊的分析。

目前，国内的中国电科院、华北电力大学和华南理工大学等单位引进了 HYPERSIM 仿真系统。

（3）全数字电力系统仿真器（Advanced Digital Power System Simulator，ADPSS）。ADPSS 是中国电力科学研究院近期开发的全数字电力系统仿真器。该装置基于国产的 8 节点集群计算机（联想 iCluster1800，曙光 TC1700），高速网络通信系统由 Myrinet 和 1000M、100M 以太网构成，软件基于 Linux 平台，机电暂态并行仿真和电磁暂态并行仿真软件都是中国电科院自主研发，并开发了机电暂态仿真软件和电磁暂态仿真软件的接口。ADPSS 分控制台和计算集群系统两部分。控制台主要进行人机交互工作，而计算工作全部在集群计算机上完成。

该装置能进行 10000 个节点的大规模电力系统机电暂态实时仿真，5 台发电机、20 条线路的一定规模电力系统电磁暂态实时仿真。同时可以对大规模电力系统进行机电暂态和电磁暂态混合实时仿真，即在一个电网的仿真计算中，对局部电网或个别元件进行电磁暂态仿真计算，与此同时，电网其他部分进行机电暂态仿真计算，两部分边界点的计算结果和参数通过接口进行实时交换和处理使之总体一致。

该装置可以连接 EMS 的实测实时数据进行计算，并可以连接继电保护、PSS 控制装置等进行闭环测试。该装置的 MATLAB 接口，可以将商用软件 MATLAB 与机电暂态仿真器和电磁暂态仿真器连接，使得该电力系统数字仿真装置能够与商用软件 MATLAB 进行联合计算，增强了通用性。

（4）RTLAB。RTLAB 是由加拿大的 Opal-RT 公司推出的一款基于模型工程的设计和测试平台，它主要由主机、目标机、硬件系统组成，其中主机就是上位机，是一台具有 Windows 系统的电脑。上位机装有 MATLAB 和 RTLAB 软件，利用 MATLAB 进行模型的建立，RTLAB 的主要任务是重新封装模型，并将模型下装到目标机中，同时承担控制启停、监控和在线调试的任务。目标机是运行于 Redhat 的仿真器，担任实时仿真的任务，它是具有多个核的处理器可以同时运行，运行速度非常快。主机和目标机之间是通过 TCP/IP 通信协议连接的，使得人机交互变得十分简单。RTLAB 库里有几百种 I/O 板卡驱动模块，只要对其进行简单的参数配置，就可以利用数字和模拟 I/O 口与其他设备进行连接、通信，这些板卡驱动模块主要由 Opal-RT 公司提供的，但其他第三方公司也提供一些 PCI/ISA 硬件板卡驱动模块，用户可以根据自身的设备选择相应的板卡，因此使用起来十分方便。

RTLAB 仿真软件具有 MATLAB 中 Simulink 的各种功能，同时也具有自己独特的模块，如：RTLAB I/O、ARTRMIS、RT-EVENTS 等。在 RTLAB 上建立实时运行的电力系统模型时，具有更高的准确性、高效性和提供更小采样步长的优势。RTLAB 实时仿真软件在特性上有以下几个特点：

1）RTLAB 模型的子系统并行运行时，能同时接收同步控制信号，以此达到实时通信的目的，这样的仿真实时性较强、实验结果准确性高。

2）RTLAB 支持半实物仿真，通过数字、模拟 I/O 板卡易于与外界硬件相互通信，可以同步对目标节点和 I/O 板卡进行管理。

3）RTLAB 的 XHP（超高性能）模式使得实时仿真的通信速度加快，在分布式处理器上，可以采用 10us 的仿真步长仿真十分复杂的模型。

6.3.2　传统电力系统电磁模型

1. 同步发电机

与感应电机类似，同步电机也是基于旋转磁场理论原理运行的。电枢绕组位于定子上并通有交流电。这会在气隙中产生一个以同步速度旋转的磁场。励磁绕组位于转子上，通以直流电。转子产生的磁场随转子转速而旋转。为了获得恒定的转矩或功率，定子磁场和转子磁场需要相互静止。因此在稳态运行时，转子必须以同步转速旋转。

一般来说，在电力系统大扰动暂态稳定与小扰动稳定分析中，同步机采用实用模型，忽略定子绕组暂态；在过电压、冲击电流、瞬时力矩及次同步振荡等研究中，由于要计及非周期分量及非工频分量的作用，一般需计及定子绕组暂态的派克模型。视研究所需，还可建立其励磁系统、调速器和原动机动态模型，如在研究机械轴参与的次同步振荡时，需对原动机的轴系进行详细建模。

2. 输电线路

当电力系统涉及工频分量以外的成分时，输电线路常常采用电磁暂态模型，并用微分方程来描述。较短输电线路电磁暂态模型仍以集中参数的 π 型等值电路为基础。

一般情况下，对于长于 300km 的架空线和超过 100km 的电缆线路，参数的分布效应很明显，它们需用等值 π 型电路或者用较短长度的线路串联起来表示。

3．负荷

在系统电压和频率快速变化，要精确考虑扰动点附近动态负荷的作用时，可采用计及感应电机电磁暂态的动态负荷模型，该模型考虑了定子绕组暂态。负荷动态模型应用微分方程描述一般包含定子电压方程、转子电压方程和转子运动方程，从实数域看是一个五阶模型。

6.3.3　电力电子设备电磁模型

1．新能源设备

（1）双馈风机。

1）双馈发电机的模型。发电机作为风力发电系统中将风机输出的机械能转换成电能的重要设备，倍受国内外学者的关注。双馈异步电机作为风力发电系统中的主流发电机设备，对其数学模型方面的研究更是成为该领域的研究的焦点。迄今为止，常用于工程中且较成熟的双馈异步电机的数学模型主要包括以下三种：① abc 三相坐标系模型；② αβ 两相静止坐标系模型；③ dq 两相同步旋转坐标系模型。

相对于前两种模型而言，dq 两相同步旋转坐标系模型是将对称三相交流分量转化成同步旋转坐标系下的直流分量，因此，运用此模型对发电机控制系统进行设计时，其解耦过程和控制方式将更加简单。

双馈电机的定、转子绕组是三相对称的。根据发电机传统惯例，运用派克变换，可以将 abc 三相坐标系下的双馈电机数学模型转化成 dq 两相同步旋转坐标系下的数学模型。其具体的推导过程本文不做详细描述。具体的数学模型表达式如下。

双馈电机的磁链方程为

$$\begin{bmatrix} \psi_{sd} \\ \psi_{sq} \end{bmatrix} = \begin{bmatrix} L_s & 0 \\ 0 & L_s \end{bmatrix} \begin{bmatrix} i_{sd} \\ i_{sq} \end{bmatrix} + \begin{bmatrix} L_m & 0 \\ 0 & L_m \end{bmatrix} \begin{bmatrix} i_{rd} \\ i_{rq} \end{bmatrix} \tag{6-5}$$

$$\begin{bmatrix} \psi_{rd} \\ \psi_{rq} \end{bmatrix} = \begin{bmatrix} L_m & 0 \\ 0 & L_m \end{bmatrix} \begin{bmatrix} i_{sd} \\ i_{sq} \end{bmatrix} + \begin{bmatrix} L_r & 0 \\ 0 & L_r \end{bmatrix} \begin{bmatrix} i_{rd} \\ i_{rq} \end{bmatrix} \tag{6-6}$$

式中　ψ_{sd}、ψ_{sq}——定子磁链的 d 轴分量和 q 轴分量；

$\quad\quad\psi_{rd}$、ψ_{rq}——转子磁链的 d 轴分量和 q 轴分量；

$\quad\quad i_{sd}$、i_{sq}——定子子电流的 d 轴分量和 q 轴分量；

$\quad\quad i_{rd}$、i_{rq}——转子电流的 d 轴分量和 q 轴分量；

$\quad\quad L_m$—— dq 坐标系下定子绕组与转子绕组的等效互感；

$\quad\quad L_s$——定子绕组电感；

$\quad\quad L_r$——转子绕组电感。

双馈电机的电压方程为

$$\begin{bmatrix} u_{sd} \\ u_{sq} \end{bmatrix} = \begin{bmatrix} R_s & 0 \\ 0 & R_s \end{bmatrix} \begin{bmatrix} i_{sd} \\ i_{sq} \end{bmatrix} + \begin{bmatrix} p & -\omega_s \\ \omega_s & p \end{bmatrix} \begin{bmatrix} \psi_{sd} \\ \psi_{sq} \end{bmatrix} \tag{6-7}$$

$$\begin{bmatrix} u_{rd} \\ u_{rq} \end{bmatrix} = \begin{bmatrix} R_r & 0 \\ 0 & R_r \end{bmatrix} \begin{bmatrix} i_{rd} \\ i_{rq} \end{bmatrix} + \begin{bmatrix} p & -s\omega_s \\ s\omega_s & p \end{bmatrix} \begin{bmatrix} \psi_{rd} \\ \psi_{rq} \end{bmatrix} \tag{6-8}$$

式中　u_{sd}、u_{sq}——定子电压的 d 轴分量和 q 轴分量；

$\quad\quad u_{rd}$、u_{rq}——转子绕组电压的 d 轴分量和 q 轴分量；

$\quad\quad R_s$、R_r——定子电阻和转子电阻阻值；

$\quad\quad p$——微分算符；

$\quad\quad \omega_s$——同步角频率；

$\quad\quad s$——转差率，且有 $s\omega_s = \omega_s - \omega_r$。

将式（6-5）、式（6-6）分别代入式（6-7）、式（6-8）中，可进一步得出双馈电机的电压方程为

$$\begin{bmatrix} u_{sd} \\ u_{sq} \end{bmatrix} = \begin{bmatrix} R_s + pL_s & -\omega_s L_s \\ \omega_s L_s & R_s + pL_s \end{bmatrix} \begin{bmatrix} i_{sd} \\ i_{sq} \end{bmatrix} + \begin{bmatrix} pL_m & -\omega_s L_m \\ \omega_s L_m & pL_m \end{bmatrix} \begin{bmatrix} i_{rd} \\ i_{rq} \end{bmatrix} \tag{6-9}$$

$$\begin{bmatrix} u_{rd} \\ u_{rq} \end{bmatrix} = \begin{bmatrix} pL_m & -s\omega_s L_m \\ s\omega_s L_m & pL_m \end{bmatrix} \begin{bmatrix} i_{sd} \\ i_{sq} \end{bmatrix} + \begin{bmatrix} R_r + pL_r & -s\omega_s L_r \\ s\omega_s L_r & R_r + pL_r \end{bmatrix} \begin{bmatrix} i_{rd} \\ i_{rq} \end{bmatrix} \tag{6-10}$$

双馈电机的电磁转矩方程为

$$T_e = \frac{3}{2} n_p [\psi_{sd} i_{sq} - \psi_{sq} i_{sd}] \tag{6-11}$$

2）双馈风机机侧逆变器控制策略。对于风力发电系统的并网变流器，目前采用较多的都是双 PWM 背靠背式结构，分别由网侧逆变器和机侧整流器组成。双馈风机背靠背变流器拓扑结构如图 6-11 所示。

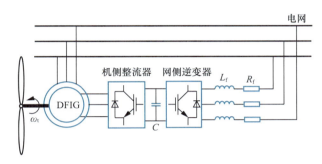

图 6-11　双馈风机背靠背变流器拓扑结构

对于双馈风机的机侧逆变器控制策略的设计，其控制模式采用的是转速控制模式，且是相对于 PMSG 机侧的转子磁链定向矢量控制方法，DFIG 机侧的控制方法采用的是定子磁场定向矢量控制方法。通过机侧变流器控制转子侧励磁电流，实现定子侧向电网输出有功和无功的解耦控制。目前，其控制策略的设计根据实现途径主要分为两种：直接转子电流控制和间接转子电流控制。

相对于间接转子电流控制而言，直接转子电流控制省去了中间的电压补偿环节，控制方式相对简单，且动态响应较快。因此本文中的控制策略设计采取了直接转子电流控制的设计思路。

因 DFIG 机侧逆变器的控制方法采用定子磁场定向矢量控制技术，即将定子磁场衡定向在 d 轴坐标系上，即

$$\begin{cases} \psi_{sd} = \psi_s \\ \psi_{sq} = 0 \end{cases} \tag{6-12}$$

双馈电机的定子磁链方程和定子电压方程为

$$\begin{bmatrix} \psi_{sd} \\ \psi_{sq} \end{bmatrix} = \begin{bmatrix} L_s & 0 \\ 0 & L_s \end{bmatrix} \begin{bmatrix} i_{sd} \\ i_{sq} \end{bmatrix} + \begin{bmatrix} L_m & 0 \\ 0 & L_m \end{bmatrix} \begin{bmatrix} i_{rd} \\ i_{rq} \end{bmatrix} \tag{6-13}$$

$$\begin{bmatrix} u_{sd} \\ u_{sq} \end{bmatrix} = \begin{bmatrix} R_s & 0 \\ 0 & R_s \end{bmatrix} \begin{bmatrix} i_{sd} \\ i_{sq} \end{bmatrix} + \begin{bmatrix} p & -\omega_s \\ \omega_s & p \end{bmatrix} \begin{bmatrix} \psi_{sd} \\ \psi_{sq} \end{bmatrix} \tag{6-14}$$

将式（6-12）代入式（6-13）中，定子磁链方程变化为

$$\begin{bmatrix} \psi_s \\ 0 \end{bmatrix} = \begin{bmatrix} L_s & 0 \\ 0 & L_s \end{bmatrix} \begin{bmatrix} i_{sd} \\ i_{sq} \end{bmatrix} + \begin{bmatrix} L_m & 0 \\ 0 & L_m \end{bmatrix} \begin{bmatrix} i_{rd} \\ i_{rq} \end{bmatrix} \tag{6-15}$$

将式（6-15）进行变化，可得定子电流的转子电流表达方程为

$$\begin{cases} i_{sd} = \dfrac{\psi_s}{L_s} - \dfrac{L_m}{L_s} i_{rd} \\ i_{sq} = -\dfrac{L_m}{L_s} i_{rq} \end{cases} \tag{6-16}$$

将式（6-12）代入式（6-14）中，可进一步得到定子电压的定子磁链表达式为

$$\begin{bmatrix} u_{sd} \\ u_{sq} \end{bmatrix} = \begin{bmatrix} R_s & 0 \\ 0 & R_s \end{bmatrix} \begin{bmatrix} i_{sd} \\ i_{sq} \end{bmatrix} + \begin{bmatrix} p & -\omega_s \\ \omega_s & p \end{bmatrix} \begin{bmatrix} \psi_s \\ 0 \end{bmatrix} \tag{6-17}$$

定子侧电阻阻值 R_s 很小，为便于计算和分析，可忽略不计，即 $R_s=0$。且认为定子磁链 ψ_s 保持不变为常量，即 $p\psi_s=0$。所以最终可得定子电压方程为

$$\begin{cases} u_{sd} = p\psi_s = 0 \\ u_{sq} = \omega_s\psi_s = |\dot{U}_s| \end{cases} \tag{6-18}$$

DFIG 定子磁场定向示意图如图 6-12 所示，其中，ω_s、ω_r 为同步角频率和转子电角频率；θ_s、θ_r 为定子磁场瞬时位置和转子磁场瞬时位置；ψ_s 为定子磁场强度。

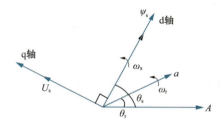

图 6-12 DFIG 定子磁场定向示意图

在 dq 坐标系下，采用恒功率变化时，双馈风力发电机组定子向电网输出的功率表达式为

$$\begin{cases} P_{sg} = u_{sd}i_{sd} + u_{sq}i_{sq} \\ Q_{sg} = u_{sd}i_{sq} - u_{sq}i_{sd} \end{cases} \tag{6-19}$$

式中　P_{sg}、Q_{sg}——电机定子向电网输出的有功功率、无功功率。

将式（6-16）和式（6-18）代入式（6-19）中，可得双馈风力发电机组定子向电网输出的功率关于转子电流的表达方程为

$$\begin{cases} P_{sg} = -\dfrac{L_m}{L_s}|\dot{U}_s|i_{rq} \\ Q_{sg} = -\dfrac{|\dot{U}_s|^2}{\omega_s L_s} + \dfrac{L_m}{L_s}|\dot{U}_s|i_{rd} \end{cases} \tag{6-20}$$

通过式（6-20）可以看出，双馈电机定子向电网输出的有功功率 P_{sg} 和无功功率 Q_{sg} 分别与转子侧交轴电流 i_{rq} 和直轴电流 i_{rd} 呈一次线性关系，且 i_{rq} 和 i_{rd} 不存在耦合。所以通过调节转子侧 q 轴电流 i_{rq} 就可以控制定子侧向电网输出的有功功率 P_{sg}；通过调节转子侧 d 轴电流 i_{rd} 就可以控制定子侧向电网输出的无功功率 Q_{sg}。因转子电角频率 ω_r 直接影响定子侧输出的有功功率 P_{sg}，采用转速控制模式时，是通过调节转子侧 q 轴电流 i_{rq} 控制转子电角频率来决定定子侧向电网输出的有功功率 P_{sg}。其具体的控制框图如图 6-13 所示。

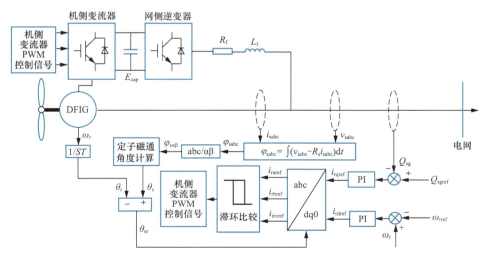

图 6-13　DFIG 机侧变流器控制框图

计算定子磁通瞬时位置：测量定子三相电压 v_{sabc} 和定子三相电流 i_{sabc}，根据式（6-21）计算得定子三相磁通 φ_{sabc}，再进行 abc/αβ 变换，得 αβ 坐标系下的定子磁通 $\varphi_{s\alpha\beta}$，之后根据式（6-22）可计算出定子旋转磁通的瞬时位置 θ_s。即

$$\varphi_{sabc} = \int \left(v_{sabc} - R_s i_{sabc} \right) \mathrm{d}t \tag{6-21}$$

$$\theta_s = \arctan \frac{\varphi_{s\beta}}{\varphi_{s\alpha}} \tag{6-22}$$

计算转子在定子旋转磁通矢量为参考系下的位置：测量双馈电机的转子电角频率 ω_r，进行积分可得转子磁通的瞬时位置 θ_r，则其相对于定子旋转磁通矢量的位置为

$$\theta_{sr} = \theta_s - \theta_r \tag{6-23}$$

式中　θ_{sr}——转子在以定子旋转磁通矢量为参考系的相对位置。

测量由电机向网侧输送的无功功率 Q_{sg}，与无功基准值 Q_{sgref}（因为是单位功率因数控制，所以其值为 0）进行比较，其差值经过 PI 调节器得到转子直轴电流基准值 i_{rdref}；将实测的双馈电机转子电角频率 ω_r 与浆距角控制和风能最大捕获得到的 ω_{rref} 进行比较，其差值经过 PI 调节器得到转子交轴电流基准值 i_{rqref}。将所得到的 i_{rdref}、i_{rqref} 结合所得到的 θ_{sr} 经过 dq0/abc 逆变换，即得到转子三相电流调制信号 i_{raref}、i_{rbref} 和 i_{rcref}。将此信号传递至机侧逆变器，变流器采用滞环比较调制方式，形成机侧 PWM 变流器的开关动作信号，完成整个控制过程。

3）双馈风机网侧逆变器控制策略。DFIG 发电系统网侧逆变器控制的主要目的是保证变流器直流侧电压的稳定以及保证网侧输出功率的功率因数可控。网侧的控制采取电网电压定向矢量控制方法，即将电网电压定向在 dq 同步旋转坐标轴中的 d 轴上。网侧逆变器拓扑图如图 6-14 所示。

dq 坐标系下，变流器的数学模型为

$$\begin{cases} u_{gd} = -L_f p i_{gd} - R_f i_{gd} + \omega L_f i_{gq} + v_{gd} \\ u_{gq} = -L_f p i_{gq} - R_f i_{gq} - \omega L_f i_{gd} + v_{gq} \end{cases} \tag{6-24}$$

式中　u_{gd}、u_{gq}——变流器桥臂输出电压的 dq 分量；

v_{gd}、v_{gq}——网侧电压的 dq 分量；

i_{gd}、i_{gq}——网侧输入变流器电流的 dq 分量；

L_f、R_f——网侧变流器滤波电感和电阻；

ω——电网角频率；

p——微分算符。

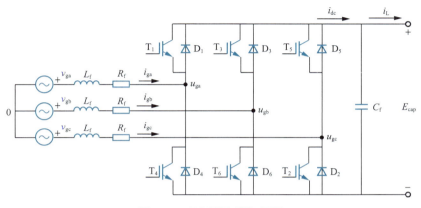

图 6-14　网侧逆变器拓扑图

dq 坐标系下，采用恒功率变换时，其网侧有功无功表达式为

$$\begin{cases} P_g = v_{gd}i_{gd} + v_{gq}i_{gq} \\ Q_g = v_{gq}i_{gd} - v_{gd}i_{gq} \end{cases} \tag{6-25}$$

因采用电网电压定向矢量控制技术，网侧电压定向在 d 轴上，所以有

$$\begin{cases} v_{gq} = 0 \\ v_{gd} = V_g \end{cases} \tag{6-26}$$

式中　V_g——网侧电压的有效值。

将式（6-26）代入式（6-25）中可进一步得到网侧有功无功表达式为

$$\begin{cases} P_g = V_g i_{gd} \\ Q_g = -V_g i_{gq} \end{cases} \tag{6-27}$$

通过式（6-27）可见，电网处的有功功率和无功功率分别与网侧 dq 轴电流成一次线性关系。

从式（6-25）可见，逆变器桥臂输出电压的 dq 分量（u_{gd} 和 u_{gq}）与网侧电流的 dq 分量（i_{gd} 和 i_{gq}）是存在耦合的，因此，需要进行解耦控制。可设一组中间控制电压 u'_{gd} 和 u'_{gq}

$$\begin{cases} u'_{gd} = L_f p i_{gd} + R_f i_{gd} = \left(L_f p + R \right) i_{gd} \\ u'_{gq} = L_f p i_{gq} + R_f i_{gq} = \left(L_f p + R \right) i_{gq} \end{cases} \tag{6-28}$$

通过式（6-28）可以看出，控制电压 u'_{gd} 和 u'_{gq} 实现了网侧 dq 轴电流的解耦控制。所以可以采用电流内环闭环的控制方式，并且可通过 PI 调节来实现电流的快速跟踪。其 PI 控制环节为

$$\begin{cases} u'_{gd} = K_p \left(i_{gdref} - i_{gd} \right) + K_i \int \left(i_{gdref} - i_{gd} \right) \mathrm{d}t \\ u'_{gq} = K_p \left(i_{gqref} - i_{gq} \right) + K_i \int \left(i_{gqref} - i_{gq} \right) \mathrm{d}t \end{cases} \tag{6-29}$$

式中　　K_p、K_i——PI 调节器的比例和积分参数；

i_{gdref}、i_{gqref}——网侧电流 dq 轴指令值。

一般而言，在电网对无功功率无特殊要求的情况下，网侧逆变器采取单位功率因数控制，即单位功率因数控制在 1。再根据式（6-27）知，在对网侧进行单位功率控制时，其 q 轴电流指令值 $i_{gqref} = 0$；而 d 轴电流指令值 i_{gdref} 可由有直流侧母线电压的误差得出。

最后根据式（6-24），控制电压 u'_{gd} 和 u'_{gq} 分别加入前馈电压补偿项 $\left(\omega L_f i_{gq} + V_g \right)$ 和 $\left(\omega L_f i_{gq} + V_g \right)$，实现网侧 dq 轴电流的完全解耦，且得到网侧逆变器的输出指令电压为

$$\begin{cases} u_{gdref} = -u'_{gd} + \omega L_f i_{gq} + V_g \\ u_{gqref} = -u'_{gq} - \omega L_f i_{gd} \end{cases} \tag{6-30}$$

其具体的控制策略框图如图 6-15 所示，为典型的电压外环、电流内环的双环控制策略：

a. 网侧电流电压的坐标系变换。测得网侧电压和电流的实际值 v_{gabc} 和 i_{gabc}，因采取网侧电压定向矢量控制，故利用 PLL 锁相环，得网侧电压 A 相相角 θ_g，将 d 轴锁定于此。利用所得的角度 θ_g，对所测网侧电压和电流进行 abc/dq 变换，得 dq 坐标系下的电压电流分量 v_{gd}、v_{gq}、i_{gd} 和 i_{gq}。

b. 电压外环。直流侧电压 E_{cap} 与直流侧指令电压 E_{capref} 进行比较，其差值经过 PI 调节器，输出 d 轴参考电流 i_{gdref}。

c. 电流内环。将网侧实测 d 轴电流 i_{gd} 与外环得到的 d 轴参考电流 i_{gdref} 进行比较，其差值进过 PI 调节器后再进行解耦，可得 d 轴电压调制信号 u_{gdref}；将网侧实测 q 轴电流 i_{gq} 与 q 轴参考电流 i_{gqref}（因是单位功率因数控制，其值为 0）进行比较，差值经过 PI 调节器后再进行解耦，可得 q 轴电压调制信号 u_{gqref}。

经过内环所得到的 u_{gqref} 和 u_{gdref} 经过 abc/dq0 逆变换得到 u_{garef}、u_{gbref} 和 u_{gcref} 电压调制波信号，传送给逆变器，完成整个控制环作用。

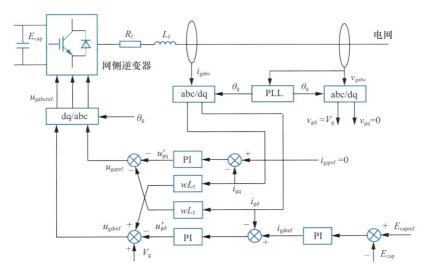

图 6-15　网侧逆变器控制框图

（2）直驱。

1）PMSG 发电机的模型。dq 两相同步旋转坐标系模型将对称三相交流分量转化成同步旋转坐标系下的直流分量。运用 dq 两相同步旋转坐标系模型对发电机控制系统进行设计时，其解耦过程和控制方式将更加简单。

建立直驱永磁同步电机 dq 坐标系下模型时，将 d 轴定向在转子永磁体磁场的基波方向上，即 d 轴方向与转子磁链的方向是重合的，且沿转子旋转的方向，q 轴超前 d 轴 90°，其具体的数学模型表达式如下。

直驱电机的磁链方程为

$$\begin{bmatrix} \psi_d \\ \psi_q \end{bmatrix} = \begin{bmatrix} L_d & 0 \\ 0 & L_q \end{bmatrix} \begin{bmatrix} i_d \\ i_q \end{bmatrix} + \begin{bmatrix} \psi_f \\ 0 \end{bmatrix} \tag{6-31}$$

式中 ψ_d、ψ_q——定子磁链在转子 dq 坐标系下的 d 轴分量和 q 轴分量;

L_d、L_q——表示发电机定子绕组的直轴电感和交轴电感;

i_d、i_q——等效的定子直轴电流和交轴电流;

ψ_f——发电机中永磁体建立的磁链。

直驱电机的电压方程为

$$\begin{bmatrix} u_d \\ u_q \end{bmatrix} = \begin{bmatrix} R_s & 0 \\ 0 & R_s \end{bmatrix} \begin{bmatrix} i_d \\ i_q \end{bmatrix} + \begin{bmatrix} p & -\omega_r \\ \omega_r & p \end{bmatrix} \begin{bmatrix} \psi_d \\ \psi_q \end{bmatrix} \tag{6-32}$$

式中 u_d、u_q——发电机定子电压的 d 轴和 q 轴分量;

R_s——定子电阻阻值;

ω_r——电机转子电角速度;

p——微分算符。

将式(6-31)代入式(6-32)中,可得直驱电机定子电压方程进一步表达式为

$$\begin{bmatrix} u_d \\ u_q \end{bmatrix} = \begin{bmatrix} R_s + pL_d & -\omega_r L_q \\ \omega_r L_d & R_s + pL_q \end{bmatrix} \begin{bmatrix} i_d \\ i_q \end{bmatrix} + \omega_r \begin{bmatrix} 0 \\ \psi_f \end{bmatrix} \tag{6-33}$$

直驱电机的电磁转矩方程为

$$T_e = n_p[(L_d - L_q)i_d i_q + \psi_f i_q] \tag{6-34}$$

式中 n_p——电机极对数。

2)PMSG 机侧逆变器控制策略。对于 PMSG 风力发电系统的并网变流器,目前也较多采用双 PWM 背靠背式结构,分别有网侧逆变器和机侧整流器组成。图 6-16 给出了 PMSG 发电系统的拓扑结构。

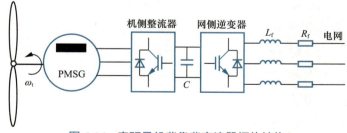

图 6-16 直驱风机背靠背变流器拓扑结构

对于 PMSG 的机侧逆变器控制策略的设计，采用的是功率控制模式和转子磁链定向矢量控制方法。

dq 同步旋转坐标系下，电机的电磁转矩方程为

$$T_e = n_p[(L_d - L_q)i_{sd}i_{sq} + \psi_f i_{sq}]$$ （6-35）

可以看出，电机的电磁转矩与定子 dq 轴电流都相关，为了消除这种耦合关系，零 d 轴电流控制方法得到了广泛运用，即将定子 d 轴电流控制为 0，使得 $i_{sd}=0$。

这样，电机的电磁转矩方程可简化为

$$T_e = n_p \psi_f i_{sq}$$ （6-36）

式（6-36）中极对数 n_p 和永磁体磁链 ψ_f 都为常数，可见控制定子 d 轴电流为 0 后，电机的电磁转矩只与定子 q 轴电流呈一次线性关系。调节 q 轴电流，便可以控制电机的电磁转矩，而电机的电磁转矩 T_e 与电机的输出有功功率 P_g 有直接关系，故亦可通过控制定子 q 轴电流 i_{sq} 来实现对电机输出有功功率 P_g 的控制。即本文所用到的功率控制模式。

dq 同步旋转坐标系下的定子电压方程可根据上节中的永磁同步电机数学模型得出

$$\begin{cases} u_{sd} = (R_s + pL_d)i_{sd} - \omega_r L_q i_{sq} \\ u_{sq} = (R_s + pL_q)i_{sq} + \omega_r L_d i_{sd} + \omega_r \psi_f \end{cases}$$ （6-37）

PMSG 转子磁链定向示意图如图 6-17 所示，其中，θ_r 为转子磁链瞬时位置；ω_r 为转子电角频率。

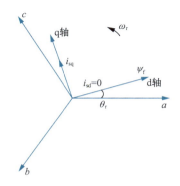

图 6-17　PMSG 转子磁链定向示意图

由式（6-37）可以看出，机侧逆变器的 dq 分量存在着耦合的关系，为了消除这种耦合因，与网侧逆变器控制设计类似，可设一组中间控制电压 u'_{sd} 和 u'_{sq}

$$\begin{cases} u'_{sd} = (R_s + pL_d)i_{sd} \\ u'_{sq} = (R_s + pL_q)i_{sq} \end{cases} \tag{6-38}$$

从式（6-38）可以看出，控制电压 u'_{sd} 和 u'_{sq} 实现了定子 dq 轴电流的解耦控制。所以可以采用电流内环闭环的控制方式，并且可通过 PI 调节来实现电流的快速跟踪。其 PI 控制环节为

$$\begin{cases} u'_{sd} = K_p(i_{sdref} - i_{sd}) + K_i \int (i_{sdref} - i_{sd})dt \\ u'_{sq} = K_p(i_{sqref} - i_{sq}) + K_i \int (i_{sqref} - i_{sq})dt \end{cases} \tag{6-39}$$

式中　K_p、K_i——PI 调节的比例和积分增益参数；

　　　i_{sdref}、i_{sqref}——定子电流的 dq 轴指令电流。

因采取零 d 轴电流控制方法，所以 d 轴电流指令值 $i_{sdref} = 0$；由于采用的是功率控制模式，故 q 轴电流的指令值 i_{sqref} 可由电机的功率外环控制得出。

最后，根据式（6-37），为完全实现机侧 dq 分量的解耦控制，需要在控制电压 u'_{sd} 和 u'_{sq} 前分别添加耦合项 $(-\omega_r L_q i_{sq})$ 和 $(\omega_r L_d i_{sd} + \omega_r \psi_f)$，得到机侧定子电压的指令值

$$\begin{cases} u_{sdref} = u'_{sd} - \omega_r L_q i_{sq} \\ u_{sdref} = u'_{sq} + \omega_r L_d i_{sd} + \omega_r \psi_f \end{cases} \tag{6-40}$$

其具体的控制框图见图 6-18，为典型的功率外环、电流内环的双环控制：

a. 机侧电流坐标变换：测量电机转子电角频率 ω_r，进行积分，得到电机转子磁链瞬时位置 θ_r，因采取转子磁链定向矢量控制技术，故将 d 轴定向于此。利用所测得 θ_r 对机侧所测得的三相定子电流 i_{sabc} 进行 abc/dq 变换，得到 dq 坐标系下机侧电流分量 i_{sd} 和 i_{sq}。

b. 转速外环：实际测得的电机输出有功功率 P_{gen} 与其功率的指令值 P_{gen_ref} 进行比较，其差值经过 PI 调节器，输出 q 轴参考电流 i_{sqref}。

c. 电流内环：将机侧实测的 q 轴电流 i_{sq} 与外环得到的 q 轴参考电流 i_{sqref} 进行比较，其差值经过 PI 调节器后再进行前馈解耦，可得到 q 轴电压调制信号 u_{qref}；将机侧实测的 d 轴电流 i_{sd} 与 d 轴参考电流 i_{sdref}（因是零 d 轴电流控制，

故 $i_{sdref}=0$）进行比较，差值经过 PI 调节器后再进行前馈解耦，可得到 d 轴电压调制信号 u_{sdref}。

经过内环所得到的 u_{sqref} 和 u_{sdref} 经过 abc/dq0 逆变换得到 u_{saref}、u_{sbref} 和 u_{scref} 电压调制波信号，传送给逆变器，触发逆变器开关动作，完成整个控制环作用。

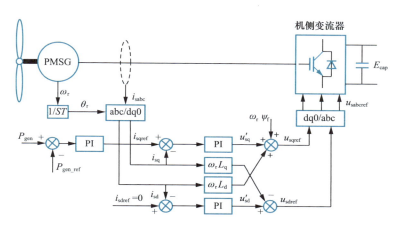

图 6-18　PMSG 机侧变流器控制框图

3）PMSG 网侧逆变器控制策略。对于网侧逆变器而言，PMSG 发电系统和 DFIG 发电系统其控制结构都是类似的，主要目的为：①保证变流器直流侧电压的稳定；②保证网侧输出功率的功率因数可控。

虽然 PMSG 与 DFIG 结构和控制方式基本相同，但是对比可知，DFIG 背靠背逆变器输出与风力发电机定子相连，双馈风力发电系统输出的功率因数由逆变器和定子电流共同决定，通过控制逆变器来补偿异步电动机定子的无功消耗；而 PMSG 背靠背逆变器输出即接入电网，所以直驱发电系统输出的功率因数只由逆变器决定，只要控制逆变器参数即可保证直驱风力发电系统网侧输出功率的功率因数可控。

（3）光伏。

1）光伏阵列的原理和建模。太阳能电池的伏安特性是指在某一确定的日照强度和温度下，太阳能电池的输出电压和输出电流之间的关系，简称 *V-I* 特性。图 6-19 为典型的太阳能电池 *V-I* 特性曲线。

其中，V_{oc} 为开路电压；I_{sc} 为短路电流。从 *V-I* 特性曲线可以看出，太阳能电池的输出电流 I 随工作电压 V 的变化而变化，而输出功率 $P=VI$，其值就

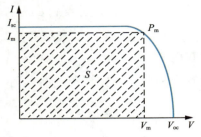

图 6-19　典型太阳能电池
的 *V-I* 特性曲线

是图 6-23 中阴影部分的面积 S。最大功率点跟踪的目的也就是在横坐标上寻找一点 V_m，使得面积 S 最大，此时的 V_m、I_m 和 P_m 就是最大功率点对应的电压、电流和最大功率值。

光伏电池板的设计背景：设 I_{scref}、V_{ocref}、I_{mref}、V_{mref} 分别为参考条件（日照强度、环境温度）下的短路电流、开路电压、最大功率点电流和电压，则在任意日照强度和环境温度下，当光伏阵列输出电压为 V 时，其对应的工作电流 I 为

$$I = I_{scref}\left\{1 - C_1\left[\exp\left(\frac{V - \Delta V}{C_2 V_{oc}}\right) - 1\right]\right\} + \Delta I \tag{6-41}$$

其中

$$T_c = T + t_c R \tag{6-42}$$

$$\Delta T = T_c - T_{cref} \tag{6-43}$$

$$\Delta I = aR/R_{ref}\,\Delta T + \left(R/R_{ref} - 1\right)I_{scref} \tag{6-44}$$

$$\Delta V = -b\Delta T - R_s\Delta I \tag{6-45}$$

$$C_2 = \left(V_{mref}/V_{ocref} - 1\right)/\left[\ln\left(1 - I_{mref}/I_{scref}\right)\right] \tag{6-46}$$

$$C_1 = \left(1 - I_{mref}/I_{scref}\right)\exp\left[-V_{mref}/\left(V_{ocref}C_2\right)\right] \tag{6-47}$$

式中　　R——光伏阵列倾斜面上的总太阳日照强度；

$\quad\quad T_c$——太阳能电池温度；

$\quad\quad T$——环境温度；

$\quad\quad t_c$——太阳电池模块的温度系数；

R_{ref}、T_{cref}——太阳日照强度和太阳能电池温度参考值；

$\quad\quad a$——在参考日照下电流变化温度系数，Amps/℃；

$\quad\quad b$——在参考日照下电压变化温度系数，V/℃；

$\quad\quad R_s$——光伏模块的串联电阻。

2）光伏发电系统并网控制策略。光伏系统并网结构如图 6-20 所示。

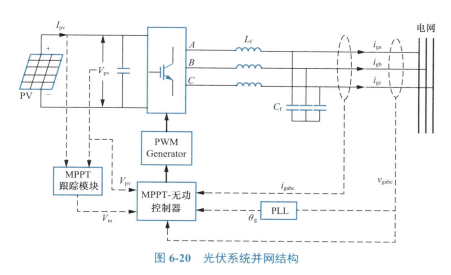

图 6-20　光伏系统并网结构

图 6-20 中，PV 为光伏阵列；I_{pv}、V_{pv} 分别为光伏阵列输出的直流电流和直流电压；V_m 为光伏阵列的最大功率点电压；L_f、C_f 分别为线路滤波电感和滤波电容；i_{gabc}、v_{gabc} 分别为网侧三相电流和网侧三相电压；MPPT 模块为最大功率点电压计算模块；MPPT- 无功控制器内为具体的 MPPT- 无功控制策略；PWM Gennerator 为逆变器开关触发信号产生模块；PLL 为锁相环。

三相光伏发电系统直接并网的过程中需要满足以下两点要求：①为保证光伏发电系统能够最大限度地将太阳的辐射能转化为电能，必须使光伏阵列输出的直流电压要维持在最大功率点所对应的电压值上；②在电网对无功无特殊要求的情况下，并网时要保持输出无功为 0。考虑光伏并网系统在低电压穿越时需要发出必要的无功，则需要对输出无功进行控制。因此采用了网侧电压定向矢量下的 MPPT- 无功并网控制策略，光伏阵列的逆变电路，如图 6-21 所示。

光伏阵列的控制策略为如图 6-22 所示。在图中，该控制策略采用双闭环控制结构，其外环为电压环，内环为并网电流环。通过 abc/dq0 变换，将并网电流解耦为有功分量和无功分量两部分。

对于有功分量而言，将最大功率点跟踪模块（MPPT）的输出值（U_m）作为参考值，将该值与光伏阵列的实际工作电压（U_{dc}）进行比较，其偏差经过 PI 调节后所得到的值（I_{dref}）作为并网电流环的电流直轴分量参考值。对于无功分量而言，将设定的无功输出参考值（Q_{ref}）与实际无功（Q）进行比较，其偏差经过 PI 调节后所得到的值（I_{qref}）作为并网电流环的电流交轴分量参考值。并网电流的直轴分量（I_d）和交轴分量（I_q）分别与参考量 I_{dref}、I_{qref} 比较后的差值，经过比例环节 PI 调节，以及 dq0/abc 反变换，输出作为调制波（u_{abc}），以此来实现光伏并网的直流电到交流电的逆变。基于 PWM 整流器的控制原理可知，在内环部分，还存在解耦控制部分，电流内环解耦所依赖的原理为：在三相平衡条件下，设 dq 坐标系中 q 轴与电网电动势 E_d 重合，则电网电动势矢量 d 轴分量 $U_d = 0$，dq 模型即可描述为

$$L\frac{d}{dt}\begin{bmatrix} i_d \\ i_q \end{bmatrix} = \begin{bmatrix} -R & wL \\ -wL & -R \end{bmatrix}\begin{bmatrix} i_d \\ i_q \end{bmatrix} - \begin{bmatrix} v_d \\ v_q \end{bmatrix} + \begin{bmatrix} e_d \\ e_q \end{bmatrix} \tag{6-48}$$

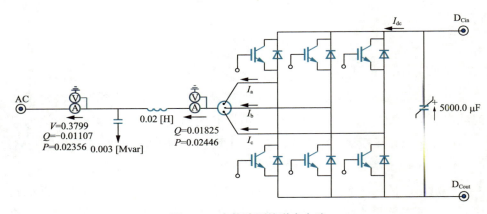

图 6-21　光伏阵列的逆变电路

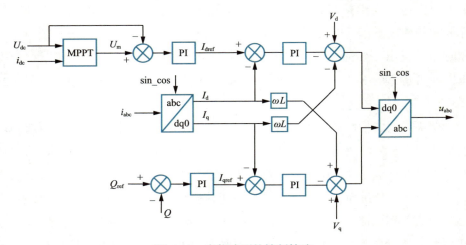

图 6-22　光伏阵列的控制策略

采取解耦控制策略，当电流调节器采用 PI 调节器时，则 v_d、v_q 控制方程为

$$v_d = -\left(K_{ip} + K_{iI}/s\right)\left(i_d^* - i_d\right) + \omega L i_q + e_d \qquad （6-49）$$

$$v_q = -\left(K_{ip} + K_{iI}/s\right)\left(i_q^* - i_q\right) + \omega L i_d + e_q \qquad （6-50）$$

基于前馈的控制算法，上式使三相 VSR 电流内环实现了解耦控制。在图 6-22 中，若直接设置 I_{qref}=0，则是单位功率因数控制。

2. 直流设备

直流系统电磁暂态模型一般对直流系统中各元件，如阀桥及其触发系统、换流变压器、平波电抗器、直流线路、滤波器、避雷器等进行详细模拟，并计及其直流谐波分量。

由于建立了基于六脉动阀组的换流器详细电磁暂态模型，直流系统电磁暂态模型可以比较精确地描述直流系统换相特性、谐波特性，以及交流系统或直流系统故障期间，HVDC 的暂态现象和动态响应特性。

电磁暂态模型模拟换流阀的电压和电流，由此可精确地判断逆变器是否发生换相失败。

但直流系统电磁暂态模型比较复杂，而且仿真步长须取较小数值（一般在 100μs 内），计算所需时间较长。所以，对于交直流电力系统电磁暂态仿真，为了便于系统建模和节省仿真计算时间，一般需要进行交直流系统动态等值。

6.3.4　应用案例

以云南电网与南方电网主网异步联网为例，2016 年云南电网外送直流数量增加至 6 回，最大送电功率达 24600MW，远超过云南电网的最大负荷水平。同时，直流送出配套的水电机组容量大，机组动态响应与直流的运行特性联系密切，强直弱交的特点明显。

仿真采用 2016 年南方电网夏大极限方式的 RTDS 仿真平台，其中包括南方电网 11 回直流电磁暂态模型和 220kV 及以上交流电网模型，普侨／楚穗直流、牛从直流与金中直流控制保护采用实际装置，其余直流控制采用全数字模型，投入牛从直流、普侨直流以及楚穗直流的 FLC 功能；发电机模型采用七阶模型，考虑自动励磁调节装置、调速器作用，PSS 按要求投入；负荷模型采

用 ZIP 负荷模型，频率变化 1% 引起的有功变化百分数为 1.8%。

为验证机组一次调频、AGC 对扰动的适应性及协同动作策略，现场开展了机组功率爬升与直流功率爬升试验。试验中发现，云南电网频率在穿越 49.95Hz 或 50.05Hz 时（云南电网机组一次调频死区）都会出现持续的频率波动现象，经初步分析，频率振荡现象与云南电网水电机组的水轮机特性以及一次调频 PID 参数有密切关系。

实时仿真平台中，大部分水电机组模型参考 PSD-BPA 机电仿真程序中的 GH 型水轮机调速器与原动机模型，并采用相同的水轮机水锤效应时间常数 T_w 参数，调速器响应时间也基本相同，只有小湾、金安桥、糯扎渡以及溪洛渡电厂机组采用与实际一致的模型。在系统频率穿越 49.95Hz 或 50.05Hz 时，云南电网水电机组一次调频动作，调节系统响应时间与水轮机响应特性基本相同，导致仿真结果中未出现实际的频率波动现象。因此，基于实测模型参数对云南电网 500kV 重要机组进行了建模，采用由调节系统、电液伺服系统和水轮机组成的电调型调速系统模型。采用实测模型后，仿真楚穗直流功率爬升 400MW，当系统频率穿越 49.95Hz 时，系统在 49.9 ~ 50Hz 区间出现了周期约为 20s 的持续振荡（见图 6-23），与现场试验基本一致。

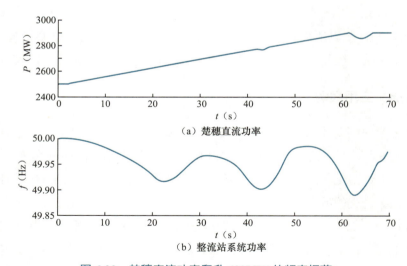

（a）楚穗直流功率

（b）整流站系统功率

图 6-23　楚穗直流功率爬升 400MW 的频率振荡

为抑制云南电网超低频的振荡，采取修改重要主导电厂机组一次调频 PID 参数与一次调频死区的措施，即修改小湾、糯扎渡电厂所有机组的 PID 参数为原来的 1/4，同时将小湾、糯扎渡、金安桥、景洪电厂部分机组一次调频退出，并将剩余机组一次调频死区由增强型改为普通型。

普通型一次调频频差计算方法是当机组频率偏差超过设定的"一次调频频率死区"后，先减去频率死区，再进行后续的计算；与其不同，增强型一次调频频差计算方法是不减去频率死区，直接进行后续的计算。

为验证修改机组一次调频 PID 参数对超低频振荡现象的抑制作用，重复楚穗直流功率爬升试验，仿真结果如图 6-24 所示。由仿真结果可见，修改机组一次调频 PID 参数能够有效抑制小扰动试验过程出现的超低频振荡，使系统恢复稳定运行。

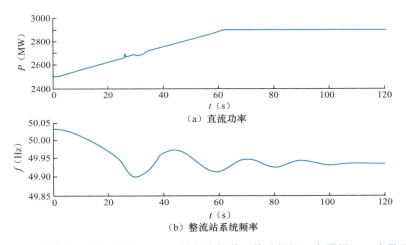

（a）直流功率

（b）整流站系统频率

图 6-24　楚穗直流功率爬升 400MW 的频率振荡（修改机组一次调频 PID 参数后）

第**7**章

电力系统异步联网运行典型案例

7.1 云南异步联网工程简介

7.1.1 工程背景

我国南方五省区能源资源分布与经济发展的不均衡决定了南方电网西电东送的基本格局。其中，云南和贵州两省的水能资源占该区域资源总量的 82.9% 左右，煤炭资源占该区域资源总量的 96% 左右，而广东 GDP 占该区域 GDP 总量的 2/3 左右。由此，广东东部兴建了大规模的火电厂以满足珠三角负荷中心的巨量能源需求，但该措施不仅加大了煤炭的运输压力，火电的粉尘污染也给环境造成了极大的压力；还导致我国西部地区蕴藏的丰富清洁能源包括西南水电、西北风电和太阳能等，由于当地缺乏负荷而无法消纳。

持续稳定的电力供应不仅是珠三角地区经济高速增长的有效保障，也是西部大开发的题中之义。建设远距离、大容量的输电通道将西部的清洁能源送往东部，是保障广东电力可持续供应、缓解大规模兴建火电对于环境以及土地的压力、同时促进西部大开发的重要手段。

南方区域在 20 世纪 90 年代已经形成了覆盖广东、广西、云南、贵州四省的交流互联系统。若西电东送工程继续采用交流输电，则面临沿途线路走廊土地资源紧张、输电规模受限的难题；在交流互联电网的基础上建设并联运行的直流通道，可发挥直流输电规模大、送电距离远的优点，因此，南方电网西电东送工程采用以直流输电为主的技术路线，"十二五"末，随着糯扎渡、溪洛渡直流输电工程的陆续投产，南方电网西电东送工程共实现八回直流，直流送电规模达到 2720 万 kW，占西电东送总规模 72%。

然而，随着交直流混合运行电网的结构日趋复杂，发生多回直流同时闭锁或相继闭锁故障的风险加大，南方电网整体安全稳定运行面临严重威胁。南方电网公司部署开展了一系列规划专题研究工作，确定南方电网未来西电东送输电网发展的技术路线以直流输电技术为主，明确为避免电网发生多重故障时出现大面积停电事故，同步电网规模不宜过大。根据国家能源局 2013 年印发的《南方电网发展规划（2013—2020 年）》（全国印发的首个"十三五"电网规划），应适时建设云南电网与南方电网主网异步联网工程，至 2020 年，南方电网将形成以送、受端电网为主体，规模适中、结构清晰、定位明确的两个同步电网，其中以云南电网为主体形成送端同步电网，其余四省（区）电网形成一个同步电网。

云南电网与南方电网主网正式实现异步联网运行后，将原来"四条直流四条交流"的电力外送主通道升级为楚穗直流、牛从双回直流、普侨直流、金中直流、永富直流和鲁西背靠背直流 7 条直流大通道，大大强化了西电东送的能力，打开了云南电网外送输电规模的提升空间，同时也使云南交流电网向"一带一路"国家外送发展的空间打开，为超大规模电网发展提供了一个新的模式。

7.1.2　工程规模

在南方电网西电东送电力流中，云南电网西电东送 500kV 交流通道逐步由主要输电通道转变为汛期输送季节性电能的省间联络线。"十二五"末至"十三五"初期，云南电网 500kV 交流通道长期送电需求 150 万 kW，具备汛期输送约 245 万 kW 季节性电力的输电能力。因金中直流滞后投产，云南"十二五"末汛期送电需求远大于交流通道 245 万 kW 的送电能力。考虑"十三五"期间规划投产的金中双回 2×320 万 kW、滇西北送广西直流300 万 kW、云南送广东直流 500 万 kW，2020 年云南外送南方电网的电力规模最终将达到 3250 万 kW 的水平，云南电网 500kV 交流通道长期送电需求降至110 万 kW，具有汛期输送 285 万 kW 季节性电力的输电能力。

结合云南电网水电盈余情况，以及背靠背直流单元模块化生产，考虑云南电网与南方电网主网异步联网后电网的安全稳定性，初设计了 150 万、450 万、300 万 kW 背靠背直流规模和改接天广直流 +330 万 kW 背靠背直流四个方案，各方案的规模具体如下：

（1）150 万 kW 背靠背直流。150 万 kW 背靠背直流输电容量与"十二五"末及"十三五"初期云南电网 500kV 交流通道送电需求匹配，比现有 500kV 交流通道输电能力 395 万 kW（送电极限 430 万 kW 扣除 8% 的输电裕度）低 245 万 kW。可考虑 2 个 75 万 kW 背靠背单元组合。

（2）450 万 kW 背靠背直流。450 万 kW 背靠背直流输电容量与现有 500kV 交流通道输电能力相匹配，而且略高 55 万 kW。可以考虑 6 个 75 万 kW 背靠背单元组合。

（3）300 万 kW 背靠背直流。由于 150 万 kW 和 450 万 kW 方案背靠背直流容量级差较大，因此考虑 300 万 kW 背靠背直流容量，该规模高于 2015 年后长期送电需求 110 万～ 150 万 kW，但比现有 500kV 交流通道输电能力低 95 万 kW。可考虑 4 个 75 万 kW 背靠背单元组合。

（4）改接天广直流 +330 万 kW 背靠背直流。在保持 450 万 kW 输电能力的前提下，其中 120 万 kW 电力利用天广直流送出，同时新建 330 万 kW 背靠背直流，输电容量比现有 500kV 交流通道输电能力高 55 万 kW。可考虑 2 个 125 万 kW+1 个 80 万 kW 背靠背单元组合。

7.1.3 换流站设计方案

换流站是在高压直流输电系统中，为了完成将交流电变换为直流电或者将直流电变换为交流电的转换，并达到电力系统对于安全稳定及电能质量的要求而建立的站点。主要设备或设施有：换流阀、换流变压器、平波电抗器、交流开关设备、交流滤波器及交流无功补偿装置、直流开关设备、直流滤波器、控制与保护装置、站外接地极以及远程通信系统等。换流站设计原则：

（1）换流站建筑结构应满足国家相关标准和规范的要求，确保建筑的安全、稳定、经济和美观。

（2）换流站建筑结构应具有良好的抗震和抗风能力，能够承受可能出现的地震和风灾。

（3）为了节约用地，换流站建筑结构应尽可能减小占地面积，在满足功能需求的前提下进行设计。

（4）为了提高建筑物的使用效率，换流站结构应设计合理的空间布局，使得换流站之间的距离尽可能缩短，方便设备间的联络和日常维护。

（5）换流站建筑结构设计应考虑防火和防雷安全问题，保证建筑内部设备和人员的安全。

鲁西站站址位于云南省曲靖市罗平县罗雄镇鲁西村，隶属于云南省曲靖市罗平县罗雄镇新寨村委会管辖，北距新寨村约 4km，东北距罗雄镇约 14km，与罗平县县城直线距离约 14km。站址西北距补歹村约 1.5km，东北距鲁西寨村约 2km，南距鲁西村约 0.1km。站址地形为丘陵地貌，站址区域由多个山包组成，站区位置利用山包间谷地，自然地面标高在 1500 ～ 1550m 之间。站址范围内主要为一般农田和少量的林地和基本农田。

7.1.4　工程成效与展望

（1）结合云南电网中长期电力电量平衡分析，"十三五"期间云南电网电力外送能力较强。基础负荷水平下，在满足电力外送容量的基础上，平水年有 5000 ～ 14400MW 送电裕度；校核负荷水平下，平水年有 2000 ～ 13300MW 送电裕度。

（2）云南电网丰水期富余水电的合理消纳可通过充分利用直流外送通道送出。根据电力电量平衡结果，在考虑充分利用直流外送通道送电能力的基础上，2017—2020 年，枯水年云南省内无富余电量需要外送，而平水年的 7 ～ 9 月仍存在部分富余水电，且呈逐年下降趋势。基础负荷水平下，2017—2020 年富余季节性电能在 4200 ～ 10900GWh 左右，并逐年下降。校核负荷水平下，2017、2018 年富余季节性电能分别为 7600GWh 和 3600GWh，2020 年富余季节性电能基本趋于零。

（3）"十三五"期间，云南电网富余水电主要集中在滇西北、滇西南片区，受滇西北交流外送通道限制，可通过云南电网交流外送通道送出的汛期富余水电规模将进一步减少，2017 年减少约 600GWh，2020 年减少约 1100GWh。

（4）从充分利用云南电网交流外送通道输电能力、不再新增省（区）间交流联络线角度出发，云南电网与南方电网主网异步联网最大规模可达 4500MW。根据不同异步联网方式的安全稳定研究结论，若采取高压直流技术，"三进三出"接线方式下，本期新建背靠背直流规模不宜超过 3000MW，"两进两出"接线方式下，本期新建背靠背直流规模不宜超过 2000MW。

（5）结合云南电网中长期电力电量平衡分析及受端电网供电平衡分析，

"十三五"及以后云南电网富余电力电量主要以丰水期季节性水电为主。丰水期季节性电能向东部地区的外送效益着重体现在减少送端电网弃水和东部地区火电燃煤成本费用方面。与直接开断交流联络线异步联网方式相比，异步联网规模越大，可增送的季节性电能越大，但增送季节性电能的增加并不与异步联网规模的增加成正比关系。同时，各异步联网规模下，"十三五"期间可增送季节性电能呈逐年下降趋势。

（6）考虑云南电网远期不同的季节性电能外送水平，各异步联网规模方案的国民经济效益差别明显：远期可持续外送季节性电能较大时，异步联网规模越大，可获得的经济效益越加明显；若远期可持续增送季节性电能不能保证，则异步联网工程总体国民经济效益不确定性大，本期异步联网规模越大，后期投资回收风险越大。

（7）考虑未来云南电源投产进度、负荷发展、输电通道建设、来水情况等均存在较大不确定性，从提高电网安全运行的可控性、缓解西电东送电网结构日趋复杂引起的安全稳定运行风险角度出发，本着以最小的代价实现云南电网与南方电网主网异步联网为原则，结合规划送电容量需求，推荐本期异步联网规模按 2000MW 左右考虑。同时，为适应今后云南电网电力外送规模的不确定性，异步联网工程应预留扩建余地。

7.2 云南异步联网工程次同步振荡

7.2.1 次同步振荡概述

在电力系统能量转换过程中，发电机是系统机械部分和电气部分的纽带，发电机组轴系机械系统与电气系统之间存在着相互作用。汽轮发电机转子的机械结构非常复杂，它可看作是由若干集中质量块组成，通过有限刚性的大轴连接起来。因此，当发电机受扰动时，会造成汽轮发电机转子不同段之间的扭动振荡。次同步振荡（Subsynchronous Oscillation，SSO）的物理本质就是受扰轴系在同步旋转的同时，各质量块间还会发生的相对扭转振荡。

直流输电和交流输电系统中的串联电容补偿装置均有可能引起汽轮发电机组的轴系扭振。当串联补偿输电网络形成的电气谐振回路的固有频率与汽轮发电机组轴系扭振固有频率互补时（其和等于同步频率），二者就会彼此互激，导致发电机组轴系与电网络之间的相互作用而引起轴系扭振不稳定，这种现象称为电力系统的次同步谐振（Subsynchronous Resonance，SSR），进而造成汽轮发电机组的轴系破坏。轴系损坏可以由长时间的低幅值扭振积累所致，也可由短时间的高幅值扭振所致。

与串联电容补偿装置引起的汽轮发电机组轴系扭振不同，直流输电整流站与其附近的汽轮发电机组轴系扭振相互作用问题并不存在谐振回路，故不再称作次同步谐振，而被称作次同步振荡。由于直流输电系统快速可控，存在着与汽轮发电机组轴系发生次同步扭振相互作用的可能性，直流输电换流器控制与邻近汽轮发电机组轴系扭振相互作用而引发不稳定的次同步振荡，会造成汽轮发电机组的轴系破坏。

由直流输电引起的汽轮发电机组的次同步振荡问题，1977 年首先在美国 Square Butte 直流输电工程调试时被发现。后来在美国的 CU、IPP，印度的 Rihand － Deli，瑞典的 FennoSkan 等高压直流输电工程中，都表明有或可能导致次同步振荡。现阶段，我国的伊敏电厂、托克托电厂、上都电厂、锦界电厂、盘南电厂等均存在不同程度的次同步振荡 / 谐振的危害。随着我国电力系统规模的扩大和结构进一步复杂化，直流输电工程越来越多，直流输电引起次同步振荡的风险也在逐渐增加。我国的电力工程界和学术界通过借鉴国外解决该类问题的经验教训，在该领域不断探索创新，已成功研究得到了多种解决办法，并应用于工程之中。

1. 常规高压直流输电系统

常规高压直流输电换流器控制与邻近汽轮发电机组轴系扭振相互作用机理如下：若机组轴系受到电磁转矩的小扰动，导致某一扭振模态的转速和转角摄动（$\Delta\theta$ 和 $\Delta\omega$），将引起机端电压幅值与相位的相应摄动（ΔV 和 $\Delta\theta_v$），从而导致与发电机组邻近的换流母线电压幅值与相位的摄动。对应于换流母线电压相位的摄动，换流阀触发角将产生相同的摄动（$\Delta\alpha$），从而导致直流电压和电流产生摄动（ΔV_{dy} 和 ΔI_d）；而对应于换流母线电压幅值的摄动，同样也会使直流电压和电流产生摄动。上述两者的作用将导致直流电压和电流偏离平衡状态，而直流输电控制将感应这种偏差，并加以快速校正和调整，从而引起发电机电磁转矩的摄动（ΔT_e），最终又反馈作用于机组轴系。如果发电机转速变化与由此引起的电磁转矩变化之间的相位滞后（包括闭环控制系统的附加相位滞后）超过 90°，则将形成一种正反馈性质的扭振相互作用，不断助增摄动幅值，当负阻尼超过轴系机械阻尼时，将使摄动响应愈演愈烈，导致轴系扭振失稳，即产生次同步振荡问题。常规高压直流换流器控制引起次同步振荡示意图如图 7-1 所示。

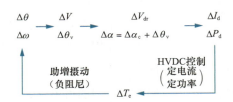

图 7-1　常规高压直流换流器控制引起次同步振荡示意图

研究表明，这种次同步振荡的特性与 HVDC 的控制方式非常相关，主要影响因素包括 HVDC 系统的触发方式、整流侧的调节方式、整流侧调节器参数、HVDC 系统的输送功率、直流线路参数以及整流侧触发角等。

2. 柔性直流输电系统

跟常规高压直流输电系统类似，柔性直流的控制系统与机组轴系扭振相互作用的机理也可采用类似的图 7-1 所示简单输电系统来进行分析。与常规高压直流的换流器可简化为受控整流器稍有不同，柔性直流的换流器可简化为一个可控电压源或电流源，该电压或电流的频率、幅值和相位取决于系统控制方法和电路参数（如直流电容、耦合电感等）。柔性直流的换流器的控制通常是分层次的，包括系统级控制和换流站级的电流/电压控制，以及底层脉冲级控制；每一层次控制又有多种模式或方法。虽然不同层次的不同控制方式对柔性直流的性能，特别是本研究所针对的次同步振荡特性，会有一定的影响，但其与机组轴系扭振相互作用的机理跟常规高压直流基本一致。

直流输电系统是否会引起机组轴系次同步振荡决定于相应频率下的机械阻尼与电气负阻尼的相对大小。影响电气阻尼的因素较多，如发电机与直流系统耦合的紧密程度、直流功率水平、整流侧调节方式及控制器特性、直流线路参数等。

3. 直流输电系统可能引起次同步振荡的不利因素评估

具有定电流（定功率）控制的直流输电系统所输送的功率对系统频率并不敏感，因此直流输电系统对发电机组的频率振荡一般不起阻尼作用，对发电机组的次同步振荡也不起阻尼作用，但上述特性不一定会造成次同步振荡。只有当几种不利因素共同作用时，产生次同步振荡的风险才会显著增加，这些不利的因素有：

（1）发电机组与直流输电整流站距离很近。

（2）发电机组与交流大电网联系薄弱。

（3）发电机组的额定功率与直流输电输送的额定功率在相近或相当的数量级上。

发电机组与交流大电网之间联系的强弱（可以用联络线的阻抗来表达）起着非常重要的作用。常规的电力负荷具有随频率变化的特性，它们对发电机组的次同步振荡起阻尼作用。当发电机组与交流大电网联系变弱时，相应的阻尼作用也减弱。此外，当直流输电系统的输送功率大部分由附近的发电机组供给时，功率振荡主要发生在直流输电整流站和附近的发电机组之间。如果直流输电系统与附近的汽轮发电机组具有相近的额定容量，情况就比较严重。根据上述分析，在实际的系统仿真分析中，对于直流孤岛运行、降压运行等特殊方式需要予以特别关注和重点计算校核。

4．水轮机组及直流输电逆变站不会引起次同步振荡的原因

（1）水轮机组不会发生次同步振荡的原因。理论分析和实践经验表明，次同步振荡基本上只涉及直流输电整流站附近的大容量汽轮发电机组，这是由大容量汽轮发电机组的轴系结构特点造成的。水轮发电机组的转子包括水轮机转子和发电机转子，如果机组有同轴驱动的励磁机，则还应附加相应的转子质量，其结果是最多有两个扭转振荡模态。这类发电机组，发电机转子的转动惯量比水轮机转子的转动惯量高 10 ～ 40 倍，扭转振荡自然频率在 6 ～ 26Hz 范围内。截至目前，国内外还没有报道过水轮机组和电网之间出现次同步谐振 / 振荡问题。即使水轮发电机组距离直流换流站站很近，也未发生过次同步振荡问题。在南方电网的天广直流输电工程中，由于送端电网整流站附近主要是天生桥一级电站、鲁布革电站等水电机组，针对直流输电是否会激发邻近水轮发电机组次同步振荡问题做了大量的研究工作，研究结果表明并不存在引发次同步振荡的风险。主要原因分析如下：

1）发电机转子的转动惯量相对于水轮机和励磁机的惯量来说大很多，这有效地保护了水轮机转子的机械系统，其结果是对发电机的扰动很难激发扭转振荡。

2）水轮机存黏滞阻尼作用，它使水轮发电机组扭转振荡的固有阻尼明显高于汽轮发电机组，因而有效抑制了它们之间的不利相互作用。

（2）直流输电逆变站不会引起次同步振荡的原因。在逆变站附近的汽轮发电机组不会产生与直流输电系统相互作用而造成的危害，因为它们并不向直流输电系统提供功率，与其不存在前述的相互耦合作用，只与逆变站并列运行供电给常规的随频率而变化的负荷，而这种常规负荷都有正的频率调节效应，这种频率调节效应对任何频率的功率振荡都有阻尼作用，当然也包括次同步频率范围内的功率振荡。因此，通常认为直流输电逆变站不会引起附近发电机组的次同步振荡问题。

7.2.2　次同步振荡应对措施

7.2.2.1　直流侧措施

直流输电控制保护系统中一般配置次同步振荡阻尼控制器（Supplementary Subsynchronous Damping Controller，SSDC），其机理可以认为是通过 SSDC，跟踪功率偏差，提取次同步振荡分量加载到定电流参考值上，并保证振荡分量通过 SSDC 和定电流 PI 控制后，相频特性偏差小于 ±45°。

1. SSDC 基本原理

（1）常规高压直流次同步阻尼控制器基本原理。基于常规高压直流（LCC-HVDC）的次同步阻尼控制器 LCC-SSDC，其电磁转矩合成图如图 7-2 所示，其中，ΔT_e 为电磁转矩增量，$\Delta \omega$ 为转速偏差，附加电磁转矩 $\Delta T_{\text{LCC-SSDC}}$ 为 LCC-SSDC 所产生的电磁转矩。若 ΔT_e 与 $\Delta \omega$ 之间的相角差超过 90°，系统将产生负阻尼，可能导致系统不稳定。若提供一个位于第一象限的附加电磁转矩 $\Delta T_e'$，使得 ΔT_e 与 $\Delta T_e'$ 的相量和在第一象限，则系统最终就具有正的阻尼转矩，有利于 SSO 的抑制。因此，为保证 LCC-SSDC 经直流系统调节能提供正的阻尼转矩，应尽可能使得 $\Delta T_e'$ 与 $\Delta \omega$ 同相位并且 $\Delta T_e'$ 具有较大的幅值。

在常规高压直流输电系统中，次同步抑制信号叠加到换流站的定电流控制环节，通过控制常规高压直流换流站的有功输出，在附加回路上产生附加电磁转矩 $\Delta T_{\text{LCC\_SSDC}}$，与原电磁转矩 ΔT_e 合成可得到施加 LCC-SSDC 后新的合成电磁转矩 $\Delta T_e'$ 如图 7-2 所示。确保合成的电磁转矩 $\Delta T_e'$ 与 $\Delta \omega$ 的角度差在 90° 以内，即能向系统提供一个正的电气阻尼，达到抑制 SSO 的目的。

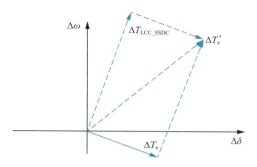

图 7-2　LCC-SSDC 电磁转矩合成图

（2）柔性直流次同步阻尼控制器。基于柔性直流（VSC-HVDC）的次同步阻尼控制器 VSC-SSDC，其电磁转矩合成图如图 7-3 所示。次同步抑制信号叠加到逆变站的内环定 D 轴电流控制环节，控制直流系统的有功传输功率，在附加回路上产生附加电磁转矩$\Delta T_{\text{VSC\_SSDC}}$，与原电磁转矩$\Delta T_{\text{e}}$合成，可得到施加 VSC-SSDC 后新的合成电磁转矩。同理，为抑制 SSO，需确保合成的电磁转矩$\Delta T_{\text{e}}'$与$\Delta \omega$的角度差在 90° 以内。

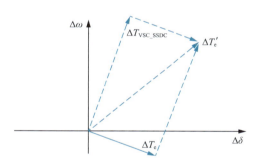

图 7-3　VSC-SSDC 电磁转矩合成图

（3）同时施加 LCC-SSDC 和 VSC-SSDC。LCC-SSDC 与 VSC-SSDC 是依据不同的机理对 SSO 进行抑制的，它们分别在常规高压直流换流站和柔性直流换流站上实施控制。LCC-SSDC 和 VSC-HVDC 分别调节常规高压直流换流站和柔性直流换流站的有功输出功率，属于网侧抑制措施。

这两方面的措施都是通过改变机组轴系的次同步扭矩关系来调节机组轴系扭振特性。两者通过不同附加回路产生的附加电磁转矩分别为$\Delta T_{\text{LCC\_SSDC}}$和$\Delta T_{\text{VSC\_SSDC}}$，与原电磁转矩$\Delta T_{\text{e}}$合成可得到系统扰动时施加 LCC_SSDC 与 VSC_SSDC 后新的合成电磁转矩$\Delta T_{\text{e}}'$（见图 7-4）。确保合成的电磁转矩$\Delta T_{\text{e}}'$与

$\Delta\omega$ 的角度差在 90° 以内，即能向系统提供一个正的电气阻尼，达到抑制 SSO 的目的。

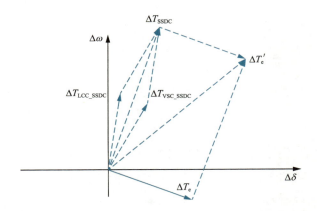

图 7-4　考虑 LCC-SSDC 和 VSC-SSDC 的电磁转矩合成图

交流电压信号中提取偏差信号的逻辑图如图 7-5 所示。

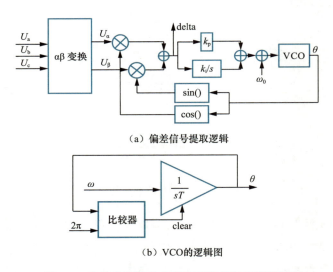

（a）偏差信号提取逻辑

（b）VCO 的逻辑图

图 7-5　交流电压信号中提取偏差信号的逻辑图

偏差信号提取环节，首先要经过一次αβ变换，其中从 abc 三相到αβ两相的定义公式为

$$E_{\alpha}=\frac{2}{3}E_{a}-\frac{1}{3}E_{b}-\frac{1}{3}E_{c} \qquad （7-1）$$

$$E_\beta = \frac{1}{\sqrt{3}}(E_b - E_c) \qquad (7\text{-}2)$$

在 PSCAD 中，现成的 PLL 模块输出的信号不是需要的偏差信号，需要采集中间信号 delta 作为信号输出，因此该部分需要在 PSCAD 中重新搭建，具体实现逻辑如图 7-6 所示。在图 7-6 中，信号 delta 反映了交流电网中的频率偏差信号。

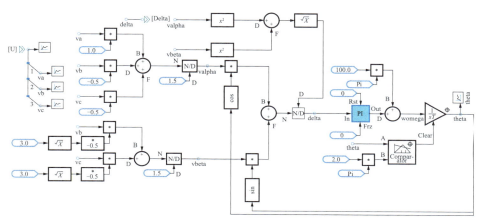

图 7-6　偏差信号提取环节的 PSCAD 实现逻辑

2．SSDC 滤波和相位补偿

SSDC 的实质是向系统提供正的阻尼效应，其结构一般由滤波环节和相位补偿环节组成。SSDC 滤波与相位补偿示意图如图 7-7 所示。

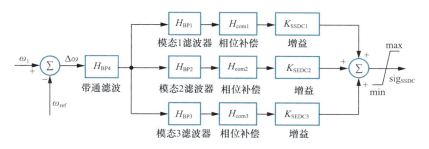

图 7-7　SSDC 滤波与相位补偿示意图

SSDC 采取转速偏差信号 $\Delta\omega$ 作为其信号输入；为了防止在补偿环节频率的混叠，采用窄频带、多通道的滤波及相位补偿，将多个模态的信号叠加后可得到输出信号。利用形如 $(1+sT_1)/(1+sT_2)$ 的超前滞后环节来附加信号滞后

$\Delta\omega_{\text{mod}}$的相位，其中$T_1$、$T_2$的确定如下

$$\begin{cases} a = \dfrac{T_2}{T_1} = \dfrac{1-\sin\phi}{1+\sin\phi} \\ T_1 = \left(\omega_x\sqrt{a}\right)^{-1} \\ T_2 = aT_1 \end{cases}$$

式中 ω_x——所选择相位补偿的频率；

ϕ——ω_x对应的需要补偿的相角；

T_1、T_2——补偿环节的时间常数。

在 PSACD 中，滤波环节的控制逻辑如图 7-8 所示。首先采用低通滤波器（低于 40Hz）和高通滤波器（高于 10Hz）的串联组合得到次同步分量信号；然后分模态地使用带阻、带通滤波器分别得到只含某个次同步模态分量的通道。

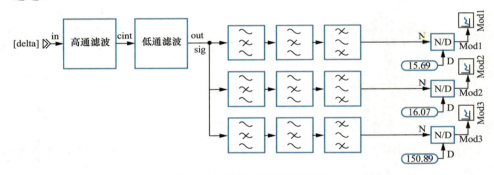

图 7-8   滤波环节的控制逻辑

SSDC 的输入信号是母线电压中提取的偏差信号，它不仅包含了次同步频率分量信号，还包含了工频、低频和高频噪声信号。而 SSDC 控制所需的仅是次同步频率信号，对于工频和高频信号，通过低通滤波环节隔离，而对于低频信号和直流信号，采用高通滤波环节隔离。通过低通和高通滤波的组合，相当于构成了一个带宽比较大的"带通滤波器"。

高通滤波器采用二阶巴特沃斯（Butterworth）滤波器，保证所关注的、频率最低的次同步模态信号顺利通过，只有一个参数，即低通截止频率ω_H需要整定。其传递函数为

$$H = \frac{0.0002533s^2}{0.0002533s^2 + 0.0095493s + 1}$$

低通滤波器同样采用二阶巴特沃斯（Butterworth）滤波器，保证所关注的、频率最高的次同步模态信号顺利通过，只有一个参数，即低通截止频率 ω_L 需要整定。其传递函数为

$$H = \frac{1}{0.00002326s^2 + 0.00144686s + 1}$$

带通滤波器设计的总体目的是将不同的扭振模态信号进行解耦，以分别对其进行比例移相控制。要求在滤波器中心频率或参数有较小的偏差时，其对应模态的信号的幅频和相频没有较大影响。所有带阻、带通都采用二阶 Butterworth 滤波器，考虑带通滤波器的相频响应在对应中心频率处变化平缓，但是难以将邻近频率的信号过滤干净，尤其是两个模态频率比较接近，因此加上带阻环节，以获得较好的幅频响应。

根据以上所述的设计要求，SSDC 带通和带阻滤波器参数见表 7-1。

表 7-1　　　　　　　　　　SSDC 带通和带阻滤波器参数

通道	模态 1（13.2Hz）		模态 2（24.7Hz）		模态 3（29.8Hz）	
	增益（G）	阻尼比（ξ）	增益（G）	阻尼比（ξ）	增益（G）	阻尼比（ξ）
通道 1	1.0	0.06	1.0	0.0467	1.0	0.0399
通道 2	1.0	0.0792	1.0	0.0701	1.0	0.0399
通道 3	1.0	0.0792	1.0	0.01	1.0	0.011

窄频带、多通道相位补偿环节实现逻辑如图 7-9 所示。

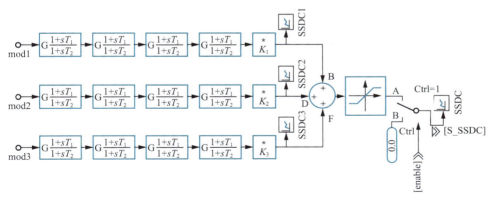

图 7-9　窄频带、多通道相位补偿环节实现逻辑

相位补偿环节采用 4 个形如 $(1+sT_1)/(1+sT_2)$ 的超前滞后环节来进行补偿，其补偿角度为 0°～90°。

3. SSDC 输出信号的叠加位置

（1）传统高压直流输电系统。对于传统高压直流输电系统，可将次同步振荡抑制输出信号以附加有功功率的形式加入定功率控制环节，LCC-SSDC 逻辑图如图 7-10 所示。

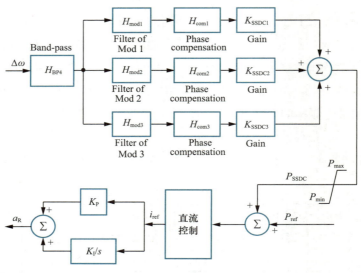

图 7-10　LCC_SSDC 逻辑图

LCC-SSDC 在三个模态下，补偿环节参数见表 7-2。

表 7-2　　　　　　　　　　　　LCC-SSDC 补偿环节参数

模态	相位补偿环节 (4 个)		
	参数 T_1	参数 T_2	增益 K
模态 1	0.0231617	0.00627658	0.43
模态 2	0.00317759	0.0130662	87
模态 3	0.00762741	0.00340245	0.3

LCC-SSDC 的输出限幅设置为 -10% ～ $+10\%$，即 $P_{max}=0.1$，$P_{min}=-0.1$。

（2）柔性直流输电系统。对于柔性直流输电系统，可将次同步振荡抑制输出信号以附加有功电流的形式加入其内环有功电流控制环节，VSC-SSDC 逻辑图如图 7-11 所示。

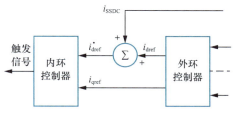

图 7-11　VSC-SSDC 逻辑图

从理论分析上可知，这种控制方式将控制信号叠加到内环控制器上，只需要安装一个即可。并且这种次同步抑制信号添加方式不受外环控制器控制模式变化的影响，通用性更强。

VSC-SSDC 在三个模态下，补偿环节参数见表 7-3。

表 7-3　　　　　　　　　　　　　VSC-SSDC 补偿环节参数

模态	相位补偿环节 (4 个)		
	参数 T_1	参数 T_2	增益 K
模态 1	0.015023	0.00967692	0.55
模态 2	0.0111605	0.00372017	0.43
模态 3	0.00293005	0.00973494	1.2

VSC-SSDC 的输出限幅设置为 –10% ～ +10%，即 $P_{max}=0.1$，$P_{min}=-0.1$。

4．SSDC 仿真分析

为验证常规高压直流单元和柔性直流单元的 SSDC 对目标次同步振荡模式的抑制效果，以鲁西—圭山单线检修、曲靖—罗平双线故障跳闸为例，对轴系扭振现象最严重的故障运行方式进行仿真校核，投入 SSDC 前后机组扭矩响应情况见表 7-4。

表 7-4　　　　　　　　　　投入 SSDC 前后机组扭矩响应情况

直流功率控制模式	直流功率（MW）		开机方式（台）		UIF	轴系扭矩响应情况			
	常规	柔性	滇东	雨汪		无 SSDC	LCC–SSDC	VSC–SSDC	LCC–SSDC+VSC–SSDC
独立	1000	1000	1	1	0.1605	缓慢收敛	快速收敛	快速收敛	快速收敛
独立	1000	0	1	1	0.0802	收敛	快速收敛		

直流功率控制模式	直流功率（MW）		开机方式（台）		UIF	轴系扭矩响应情况			
	常规	柔性	滇东	雨汪		无 SSDC	LCC-SSDC	VSC-SSDC	LCC-SSDC+VSC-SSDC
独立	0	1000	1	1	0.0802	收敛		快速收敛	
协调	1000	1000	1	1	0.1605	等幅振荡	快速收敛	快速收敛	快速收敛
协调	1000	1000	2	1	0.1684	发散			快速收敛
协调	1000	1000	1	2	0.1705	发散			快速收敛

注 机组作用系数法（Unit Interaction Factor，UIF）判别准则：若 $UIF_i < 0.1$，则可以认为第 i 台发电机组与直流输电系统之间没有显著的相互作用，不需要对次同步振荡问题作进一步的研究。

由表 7-4 可知，在鲁西异步联网工程常规高压直流单元和柔性直流单元独立控制模式和协调控制模式下，所设计的 SSDC 均能有效抑制滇东和雨汪电厂机组轴系次同步扭振，且效果明显。

进一步考虑严苛工况，即滇东电厂 4 台机组和雨汪电厂 2 台机组全开，对轴系扭振现象最严重的故障运行方式（鲁西—圭山单线检修，曲靖—罗平双线故障跳闸）进行仿真校核。

鲁西异步联网工程常规高压直流单元的 FLC 调制范围为额定功率的 −50% ～ +20%，而其 1.2 倍过负荷持续时间为 2h，1.4 倍过负荷能力为 3s，由此直流 FLC 控制功能动作可能导致常规高压直流单元的 SSDC 输出信号的上半波受限，进而影响其对次同步振荡的阻尼效果。

鲁西异步联网工程柔性单元的 FLC 调制范围也为额定功率的 −50% ～ +20%，但其 1.1 倍过负荷持续时间仅为 3s，计及预留的无功出力容量的长期过负荷能力为 1.044 倍，由此额定工况下柔性直流单元的 SSDC 输出信号的上半波便可能受限，若进一步计及直流 FLC 控制功能动作，其受限程度将更严重。

为模拟 SSDC 输出信号受限，考虑将常规高压直流单元和柔性直流单元的 SSDC 的输出限幅改为 −10% ～ 0%，在滇东和雨汪电厂机组全开情况下，对轴系扭振现象最严重的故障运行方式（鲁西—圭山单线检修，曲靖—罗平双线故障跳闸）进行仿真校核，SSDC 不同限幅时扭矩响应情况见表 7-5。

表 7-5　　　　　　　SSDC 不同限幅时扭矩响应情况

直流功率控制模式	直流功率（MW）		开机方式（台）		UIF	SSDC 正常投运	
	常规	柔性	滇东	雨汪		限幅（−10% ～ 10%）	限幅（−10% ～ 0%）
独立	1000	0	4	2	0.0764	快速收敛	快速收敛
独立	0	1000	4	2	0.0764	收敛	收敛
独立	1000	1000	4	2	0.1528	快速收敛	快速收敛
协调	1000	1000	4	2	0.1528	快速收敛	快速收敛

由表 7-5 可知，在滇东和雨汪电厂机组全开情况下，所设计的常规高压直流单元和柔性直流单元的 SSDC 均能有效抑制滇东和雨汪电厂机组轴系次同步扭振，且效果明显。直流 FLC 控制功能正动作量较大时会削弱 SSDC 对次同步振荡的阻尼效果，但 SSDC 仍能有效抑制目标次同步振荡模式。

7.2.2.2　电网侧措施

前述 UIF 分析结果和 EMTDC 仿真结果表明，鲁西换流站、滇东和雨汪电厂近区交流系统越弱，电厂机组发生次同步振荡的风险越大，特别是曲靖—罗平双线或鲁西—圭山双线停运情况下，因此，在鲁西背靠背直流工程未投运 SSDC 的情况下，建议调度部门在安排电网运行方式时，尽量避免上述平行双回线同时停运，另外，在近区交流系统较弱的情况下，尽量减少滇东和雨汪电厂开机。

7.2.2.3　机组侧措施

机组侧的次同步振荡对策主要是加装轴系扭振保护装置（Torsional Stress Relay，TSR），其原理结构示意图如图 7-12 所示。通过测速齿轮和高速采样得到轴系瞬时转速信号，在各扭振自然频率上进行数字带通滤波，得到正比于各模态振幅的信号，各模态转速信号被用于两套不同的保护逻辑：

（1）反时限疲劳跳闸功能。对应预防轴系扭振疲劳破坏，其策略为对模态转速和保护阈值进行比较，并对各模态应用一个反时限特性。反时限特性等同于轴系强度承受能力和各模态疲劳寿命损失特性。当反时限特性到限时，跳闸回路输出被触发。

（2）静态不稳定跳闸功能。对应预防不稳定的轴系扭振破坏，监控幅值较小且在一个预定时间段内增幅的模态转速。

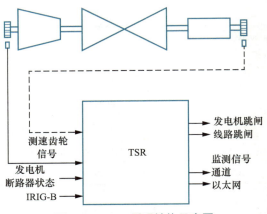

图 7-12　TSR 原理结构示意图

当次同步振荡被系统扰动激发且无法被有效抑制时，TSR 装置可切实保证快速切除扭振机组，保证机组轴系安全。因此，在机组侧安装 TSR 装置是最安全、最有效的措施，无需考虑运行方式等因素的影响、与其他控制系统的协调配合问题，可以从根本上解决机组轴系次同步扭振损坏的问题。

7.2.3　电网安全稳定分析研究

依据分析计算结果，云南电网与南方电网主网异步联网后，电网的安全稳定情况改善如下：

（1）异步联网后，发生直流闭锁故障时的电网安全稳定性显著提高。云南电网与南方电网主网通过背靠背直流实现异步联网，显著改善了南方电网安全稳定特性，大幅度增强了南方电网抵御多回直流闭锁故障的能力。

异步联网方式下发生直流闭锁故障时，云南电网主要表现为频率稳定问题。在云南电网外送直流 FLC、发电机组调速器以及负荷频率调节特性综合作用下，发生单极闭锁故障时，无需采取措施，系统能够保持频率稳定；发生多回直流单极或双极闭锁组合故障，依靠稳控系统，以及分散、多轮次的第三道高周切机防线可以确保云南电网频率稳定。

异步联网方式下，云南送出直流闭锁后无潮流大范围转移，南方电网主网的暂态稳定和电压稳定水平得到大幅度提高。云南电网发生两回直流单极或双极闭锁故障，即使稳控系统拒动，南方电网主网能够保持稳定。云南电网发生三回及以上直流同时双极闭锁组合故障，以及云南和贵州各一回直流同时双极闭锁故障，全网机组上调出力以弥补功率缺额，大量潮流转移到西电东送主通道，南方电网主网仍存电压失稳甚至功角失稳的风险。但随着受端电网规模增大以及贵州外送电力逐渐减小，在贵州送广东电力 800 万 kW 的情况下，即使发生概率极小的糯扎渡、楚穗、溪洛渡直流全部闭锁，南方电网能够保持稳定运行。异步联网为简化优化南方电网稳控策略，提高稳控系统可靠性提供了前提条件。

（2）异步联网后云南电网交流故障稳定性总体有所改善。同步联网方案和异步联网方案中，造成云南电网系统失稳的三相短路同时跳双回线路故障以及三相短路单相中开关拒动故障基本相同。

同步联网方式下云南许多交流故障导致系统失稳的模式为直流功率转移到云南电网交流外送通道引起的功角失稳，异步联网方式下失稳模式将转变为故障点近区电站相对云南电网失稳的问题。计算表明：云南 500kV 交流三相短路故障极限切除时间提升 0.02 ～ 0.78s，滇中、滇东和滇南地区丰期火电开机较少，该地区 500kV 电网丰期交流三相短路故障极限切除时间提升明显。

同步和异步联网方式下，滇西北外送输电能力基本相同，均受厂口—七甸线路热稳限制。若不考虑线路热稳限制，异步联网方案由于受端电网变弱，滇西北主要外送断面输电能力下降 20 万～ 40 万 kW。

（3）异步联网后南方电网主网交流故障稳定性总体有所改善，抵御多回直流同时换相失败的能力提高。

异步联网后，南方电网主网东西部电气距离减小，正常运行方式下系统最大功角差显著减小，一定程度上提高了受端交流故障后的功角稳定性。同时，由于受端交流故障可能造成云南直流换相失败且直流功率下降，因云南电网和广东电网存在频率差，云南送广东直流 FLC 动作，加速了故障后的直流电流恢复，对受端电网电压稳定水平产生影响。当计算中负荷采用现有调度数据的ZIP 负荷模型，同步联网方案和异步联网方案下造成系统失稳的三相短路同时跳双回线路故障以及三相短路中开关单相拒动故障数基本相同，发生三相短路中开关单相拒动故障会导致暂态电压不满足电压稳定判据比联网方式多 1 个。

此外，由于云南与主网异步联网后断开云南机组与主网机组的电气联系，若多回直流持续换相失败且直流功率不能及时恢复，将不会转移到交流通道，提高了交流故障引起多回直流同时换相失败后受端电网的电压稳定水平。当计算中负荷采用 50% 电动机 +50% 恒阻抗负荷模型且考虑多回直流同时换相失败条件下，发生三相短路中开关单相拒动会导致暂态电压不满足电压稳定判据的故障数比联网方式少 2 个。

（4）云南电网与南方电网主网通过背靠背直流异步联网，云广振荡模式消失，云南外送输电能力不再受到动稳水平约束；贵州对广东、海南对主网以及云南省内各区间振荡模式的频率及对应阻尼变化不大。

（5）背靠背直流联网方案的潮流分布与背靠背直流规模及布点密切相关，当罗平背靠背直流容量在 300 万 kW 及以下时，南方电网主网 500kV 线路满足 N-1 热稳要求，当罗平背靠背集中布置 450 万 kW 容量时，需改造罗百线 TA 设备；天广送云电方案中，由于马窝换流站与外界交流电网仅通过 500kV 罗马线联络，可靠性较低，N-1 故障下需采取措施以保证系统稳定，影响北郊站 220kV 电网供电。

外送规模相同的情况下，背靠背直流方案的网络损坏水平比交流联网方案高 2 万～10 万 kW，其中背靠背直流容量分散布点云南交流外送南北通道，与交流联网方案网络损坏水平相差最小。

云南电网与南方电网主网异步联网后，云南交流出口处罗平、砚山等站点短路电流降低 5～15kA，罗平站不再考虑开关改造，可节省 1.2 亿元投资。

（6）通过对砚山背靠背直流与小龙潭、巡检司等汽轮机组电气距离较远，即使考虑多种检修及故障运行方式，发生次同步振荡的可能性较小。

7.3　异步联网的物理实验与数字仿真平台

在应用高电压、大容量柔性直流输电技术的大规模交直流混联异步联网工程中，通过研发电压源型直流背靠背物理试验样机系统及试验平台，建立柔性直流仿真平台，从系统稳定运行的角度对相关设备提出功能性要求，从而实现柔性直流单元和常规高压直流单元并联协调的复杂控制。

7.3.1　控制保护系统概况及其特点

异步联网工程直流控制保护系统基于 CSDC800 直流控制保护平台开发，采用嵌入式软硬件技术，使用分散、分布式结构，用面向对象的方法对应用进行更为合理的功能划分，使系统结构清晰、功能强大、运行更稳定可靠。

异步联网工程换流站直流控制系统均采用完全双重化设计：I/O 单元、换流单元控制柜、交直流站控柜、站用电控制及接口柜、辅助系统控制及接口柜、现场总线网、站控 LAN 网、监控 LAN 网、系统服务器和所有相关的直流控制装置都为双重化设计。控制系统的冗余设计可确保直流系统不会因为任一控制系统的单重故障而发生停运，也不会因为单重故障而失去对换流站的监视。

直流保护采用完全双重化模式，并且可允许任意一套保护退出运行而不影响直流系统功率输送。每重保护采用不同测量器件、通道、电源、出口的配置原则。

整个控制保护系统采用先进的硬件设备、软件平台和应用程序，所有应用软件可视化程度高、界面友好，便于运行人员理解和维护。控制系统采用开放的网络结构。

直流输电工程控制保护系统功能试验（Functional Performance Test，FPT）是控制保护系统的设计、制造与工程现场调试和试运行衔接的环节，也是检验和保障直流控制保护系统功能完备、稳定可靠的重要手段。

FPT 是在屏柜和分系统试验完成后，将所有的控制保护系统设备连接成一个完整的系统进行试验，试验中所需的现场模拟量和重要开关量信号由实时仿真系统提供。各个控制系统之间复杂的相互作用的检验是在正常运行条件下及故障 (如开关场、阀、测量系统设备故障) 条件下进行的。所检验的是典型的操作程序，包括启动 / 停运顺序、运行人员的操作、功率设定值的确定、功率变化率以及运行方式的转换等。FPT 的范围包括：①依照规范书，检验控制保护系统在不同的运行条件下的功能；②检验直流输电系统中参试实际控制保护装置间相互作用的正确性；③检验参试控制保护柜间接口的正确性；④检验参试控制保护的冗余控制转换能够平稳实现，且不影响其他在线设备的运行；⑤检验冗余的供电设备中某一元件故障不影响控制保护系统的正常运行；⑥检验控制保护系统通信通道和两侧的信息传送。

7.3.2　试验总体方案

控制保护系统试验方案依据直流工程功能规范书中的直流输电系统功能试验要求进行设计。制定控制保护系统试验方案的第一项工作是根据试验目的和要求，确定试验范围即确定参与 FPT 的控制保护设备，进而确定整个试验系统的组成，建立一个能够真实模拟工程现场实际运行环境的试验系统。该试验系统主要由实时仿真系统、控制保护系统和连接两个系统的接口设备组成。

本节将介绍异步联网工程协调控制＋常规单元 FPT 的总体方案，包括试验系统的组成、参与试验的设备、试验平面布置和接线设计等。

1. 试验系统组成

（1）RTDS 仿真器。参与异步联网工程协调控制＋常规单元 FPT 的 RTDS 设备包括 2 个仿真机箱和 1 个 MMC 仿真屏，用于鲁西换流站常规直流单元和柔直动态特性测试（Dynamic performance test，DPT）的模拟，相应输入、输出板卡等。

（2）RTDS 接口。RTDS 系统提供了接口用于接入保护、控制装置以形成闭环的仿真测试环境。FPT 系统中配置了 8 面 RTDS 接口柜 (含 4 面 CSR200，4 面 CSN-41)、2 面功放柜、远端模块箱体、合并单元柜、2 面直流测量接口柜。其中，接口柜用于安装 RTDS 接口板卡并提供接口连接端子；功放柜主要用于交流采样信号的放大输出；远端模块箱体和合并单元柜用于采集常规高压直流场测量以及柔性直流单元直流和交流测量信号，以光纤数字信号输出至各控制保护主机。FPT 系统测量接口示意图如图 7-13 所示。

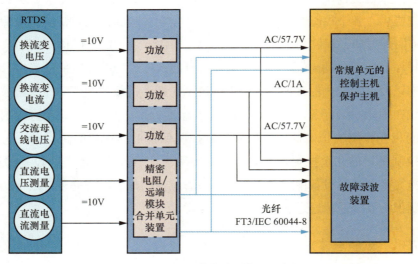

图 7-13　FPT 系统测量接口示意图

（3）开关模拟设备。为减少模型中的仿真节点数，RTDS 模型只模拟直流回路中关键的开关、刀闸；交直流场非关键刀闸、地刀在 FPT 系统中采用开关模拟柜进行模拟。

2. 参与 FPT 的控制保护设备

在 FPT 中，被测试的对象包括从运行人员控制开始的全部直流控制保护系统控制层，包括与远方控制中心的接口均在试验中装配、连接；所包括的还有冗余的 LAN 网以及总线结构，以对通信通道进行检验。交付 FPT 的控制保护设备几乎包含了所有设备，只要其在实现上和功能上交付 FPT 是合理可行的。具体包括直流站控设备，控制、保护设备，交流站控设备（换流变串），交流滤波器控制设备，换流变接口设备，直流场接口设备，就地控制设备，通信接口设备，SCADA 设备，暂态故障录波器装置，测量设备（含合并单元和远端模块），VCU/VCE 设备。

参加协调控制＋常规单元 FPT 的控制保护系统设备包括 116 面控制保护系统屏柜，12 台人机界面工作站和相关连接设备。

3. 试验系统仿真建模

以异步联网实际系统为原型，建立 RTDS 仿真模型，该模型根据 RTDS 仿真的要求对一次系统有所简化，该简化不会对交、直流系统动态性能的检测造成影响。RTDS 仿真系统通过接口板卡与直流控制保护系统形成闭环，以满足直流保护控制系统测试需求。

图 7-14 为异步联网工程系统主接线及测点示意图，图中的断路器及测点均需在 RTDS 中模拟，其他刀闸和地刀通过开关刀闸模拟装置来模拟。图 7-15 为常规高压直流系统主接线示意图，图 7-16 为柔性直流系统主接线示意图。

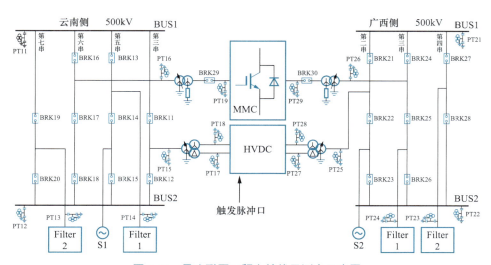

图 7-14　异步联网工程主接线及测点示意图

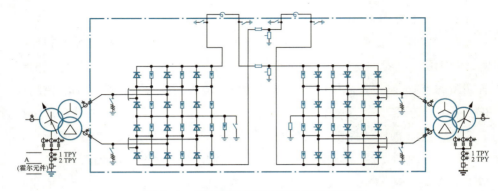

图 7-15　常规高压直流系统主接线示意图

根据对异步联网工程的系统研究，得到短路特性，见表 7-6，然后根据表 7-6 的数据，分别计算云南、广西两侧交流系统短路容量。

表 7-6　　　　　　　　　　　　短 路 特 性 表

故障类型	备注	云南侧	广西侧
联网方式最大三相短路电流	建议值	50kA	50kA
联网方式最大单相短路电流	建议值	50kA	50kA
近期联网方式最大三相短路电流	有效值	28.91kA	14.28kA
	X/R	7.26	5.33
近期联网方式最小三相短路电流	有效值	18.98kA	8.99kA
	X/R	5.64	4.76

（1）云南侧交流系统大方式下的短路容量：$S_{1max}=1.732 \times 525 \times 28.91=26287.9$（MVA），即约 26.26GVA。

云南侧最小短路阻抗：$X_{1min}=525 \times 525/26287.9=10.48$（Ω）。

（2）云南侧交流系统小方式下的短路容量：$S_{2min}=1.732 \times 525 \times 18.98=17238.6$（MVA），即约 17.24GVA。

云南侧交流系统联网小方式下的最大短路阻抗：$X_{1max}=525 \times 525/17238.6=15.99$（Ω）。

（3）广西侧交流系统大方式下的短路容量。

云南侧和广西侧的短路阻抗计算结果见表 7-7。

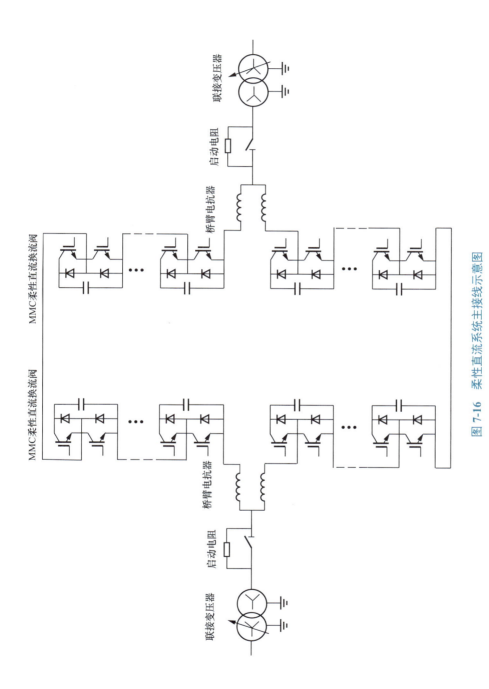

图 7-16　柔性直流系统主接线示意图

表 7-7	云南侧和广西侧的短路阻抗计算结果	(Ω)
项目	云南侧	广西侧
最小短路阻抗（对应最大短路电流）	10.48	21.23
最大短路阻抗（对应最小短路电流）	15.99	33.76

在 RTDS 中采用电压源模型模拟云南侧和广西侧的交流等值电源，如图 7-17 所示。

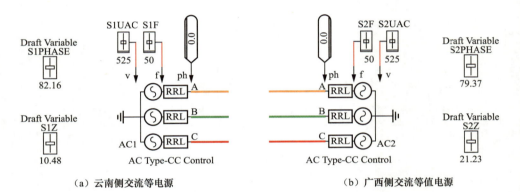

（a）云南侧交流等电源　　　　　　　　　　　（b）广西侧交流等值电源

图 7-17　云南、广西两侧交流等值电源示意图

4. 直流系统仿真建模

（1）直流系统主回路。

1）常规高压直流换流单元。常规高压直流换流单元由 12 脉动换流器以及

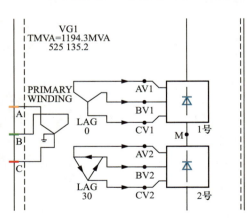

图 7-18　常规高压直流换流单元模型示意图

Y/Y 和 Y/D 接法的单相三绕组换流变压器构成。在 RTDS 中采用如图 7-18 所示的常规高压直流换流单元模型示意图模拟单侧换流站的常规高压直流换流单元。

2）柔性直流换流单元。在异步联网工程中，柔性直流换流单元主要由模块化多电平换流器（MMC）构成，在 RTDS 中采用如图 7-19 所示的 MMC 阀组仿真模型。

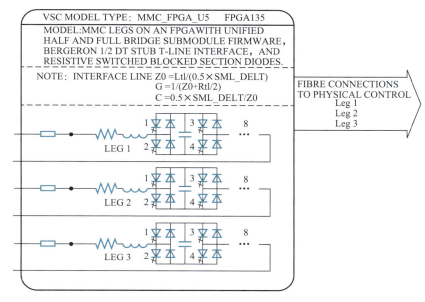

图 7-19　MMC 阀组仿真模型

（2）换流变压器 / 联接变压器。

1）常规高压直流单元换流变压器。常规高压直流单元换流变压器的型式和主要技术参数见表 7-8。单相换流变压器基本参数见表 7-9。

表 7-8　　　常规高压直流单元换流变压器的型式和主要技术参数

项目	要求
基本型式	单相三绕组
单相联接组标号	Ii0i0
三相联接组标号	YNy0d11
冷却方式	OFAF 或 ODAF
中性点接地方式	网侧中性点直接接地
绕组绝缘耐热等级	A 级
冷却器风扇调速方式	无级变频调速
调压方式	网侧绕组中性点有载调压
调压范围	+11/−7(分接头步长设定为 1.25%)
有载调压开关的型式	油浸式或真空式
网侧套管	油浸纸电容式 / 瓷套
阀侧套管	胶浸纸电容芯子 / 填充固体弹性体 / 硅橡胶复合外套

表 7-9 单相换流变压器基本参数

技术参数	网侧绕组	阀侧 Y 接绕组	阀侧 D 接绕组
额定容量 (MVA)	398.1	199.05	199.05
额定电压 (kV)	525	135.2	135.2
最高电压 U_m(kV)	550	148.1	148.1
额定频率 (Hz)	50		
短路阻抗（%）	33（基准容量为 398.1）/16.5（基准容量为 199.05）		
换流变分接开关级数	+11/-7		
分接开关的分接间隔	1.25%		

2）柔性直流单元联接变压器。在 RTDS 中采用如图 7-20 所示联接变压器单相双绕组仿真模型模拟柔性直流单元联接变压器。柔性直流单元联接变压器的型式和主要技术参数见表 7-10，联接变压器基本参数见表 7-11。

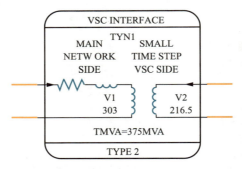

图 7-20 联接变压器单相双绕组仿真模型

表 7-10 柔性直流单元联接变压器的型式和主要技术参数

项目	要求
基本型式	单相双绕组
单相联接组标号	Ii0
三相联接组标号	YNyn0
冷却方式	OFAF 或 ODAF
中性点接地方式	高压侧绕组中性点直接接地，低压侧绕组中性点经皂阻接地
☆绕组绝缘耐热等级	A 级
冷却器风扇调速方式	无级变频调速
调压方式	高压绕组中性点有载调压

续表

项目	要求
调压范围	1/9
有载调压开关的型式	油浸式或真空式
套管	油浸纸电容式 / 瓷套

表 7-11　　　　　　　　　　联接变压器基本参数

技术参数	高压绕组	低压绕组
额定容量 (MVA)	375	375
额定电压 (kV)	525	375
最高电压 U_m(kV)	550	400
额定频率 (Hz)	50	50
短路阻抗（%）	14	14

（3）交流滤波器。

1）云南电网侧。云南电网侧共配置 2 个大组交流滤波器，共 6 小组。第 1 大组由 2 小组 A 型（DT 11/24）和 1 小组 B 型（DT 13/36）交流滤波器组成；第 2 大组由 1 小组 A 型和 2 小组 B 型交流滤波器组成，云南电网侧交流滤波器小组配置如图 7-21 所示。

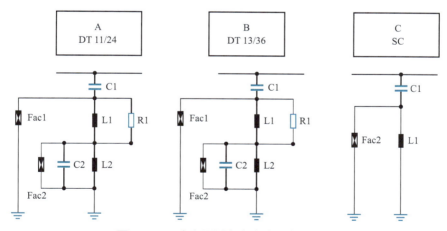

图 7-21　云南电网侧交流滤波器小组配置

云南电网侧小组交流滤波器参数设置见表 7-12。

表 7-12　　　　　　　　　云南电网侧小组交流滤波器参数设置

滤波器类型		A	B	C(远期)
		DT 11/24	DT13/36	SC
容量	Mvar	110	110	160
组数	—	3(3)	2(3)	(2)
C1	μF	1.2636	1.2658	1.847
L1	mH	24.4371	11.741	2.381
C2	μF	2.6601	1.8706	—
L2	mH	17.9616	16.932	—
R1	Ω	500	500	

2）广西电网侧。广西电网侧共配置 3 个大组交流滤波器，共 8 小组。其中，2 个大组均由 1 小组 A 型（DT 11/24）、1 小组 B 型（TT 3/13/36）和 1 小组 C 型（SC）交流滤波器组成；另外 1 个大组是由 1 小组 A 型（DT 11/24）和 1 小组 B 型（TT 3/13/36）组成。广西电网侧交流滤波器小组配置如图 7-22 所示。

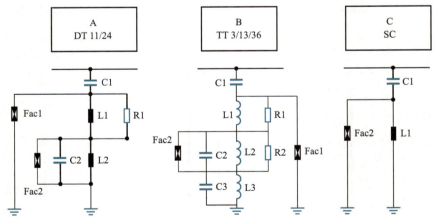

图 7-22　广西电网侧交流滤波器小组配置

广西电网侧小组交流滤波器参数设置见表 7-13。

表 7-13　　　　　　　　广西电网侧小组交流滤波器参数设置

参数	A	B	C
	DT 11/24	TT 3/13/36	SC
容量（Mvar）	110	110	110
组数	3	3	5
C1（μF）	1.2632	1.2324	1.2698
L1（mH）	26.108	14.829	3.4632
C2（μF）	2.3848	4.6144	—
L2（mH）	18.826	190.83	—
C3（μF）	—	1.517	—
L3（mH）	—	21.701	—
R（Ω）	500	500	—
R2（Ω）	—	1500	—

仿真模型中交流滤波器采用分相检交流电压过零时刻投切方式，模拟实际系统中合闸装置对滤波器开关的控制。

5. 仿真模型的校验

仿真模型下系统额定稳态工况如图 7-23 所示。从图 7-23 可见，各参数被控制在要求的额定值附近。

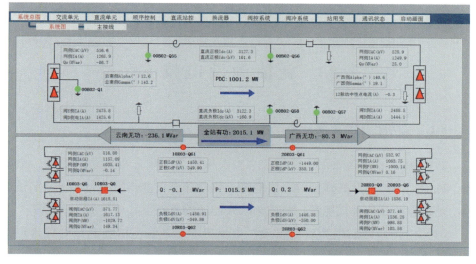

图 7-23　仿真模型下系统额定稳态工况

第**8**章

新型电力系统异步联网运行

2021 年 3 月，习近平总书记在中央财经委员会第九次会议上，首次提出构建以新能源为主体的新型电力系统，风电、太阳能等新能源将逐步在电源结构中占据主导地位。我国新型电力系统建设正式拉开序幕，为能源电力领域绿色低碳转型，更好融入服务党和国家工作大局提供了根本性的指引。

新型电力系统具有高比例可再生能源安全并网和消纳的基本特征，绿色低碳是新型电力系统的鲜亮底色。新能源出力具有随机性、波动性、间歇性等特点，系统调节资源需求大，且新能源大规模并网后系统呈现高度电力电子化特征。特别是异步联网运行的系统，大量的常规可控机组被弱可控、难预测的风、光新能源所替代，导致系统惯量、一次调频资源不足，频率特性恶化，在持续可靠供电和电网安全稳定等方面将面临重大挑战。

8.1 新能源发电技术

8.1.1 新能源含义及分类

新能源是指除常规化石能源、水力及核裂变发电之外的生物质能、太阳能、风能、地热能及海洋能等一次能源。这些能源资源丰富、可再生、清洁干净，是最有前景的替代能源，将成为未来能源的基石。

（1）生物质能。生物质能蕴藏在生物质中，是绿色植物通过叶绿素将太阳能转化为化学能而储存在生物质内部的能量。利用方式主要有直接燃烧、热化学转换和生物化学转换三种途径。

（2）太阳能。太阳能是指利用太阳光的辐射用以发电的电能或发热的热能，主要通过光 - 热转换、光 - 电转换和光 - 化学转换等方式实现能量利用。

（3）风能。风能是太阳辐射造成地球各部分受热不均匀，引起各地温差和气压不同，导致空气流动而产生的能量。利用风力机械可将风能转换成电能、机械能和热能等。

（4）地热能。地热能指地壳内能够开发出的岩石中的热能量和地热流体中的热能量及其伴生的有用部分，可分为水热型、地压型、干热岩型和岩浆型四大类。利用方式主要为地热发电和直接利用。

（5）海洋能。海洋能是指蕴藏在海洋中的可再生能源，包括潮汐能、波浪能、海流能、潮流能、海水温差能等能源形态。利用方式主要为将海洋能转换为电能或机械能。

本节主要介绍技术成熟且大规模应用的光伏发电技术和风力发电技术。

8.1.2　光伏发电技术

太阳能光伏发电技术是指利用半导体界面的光生伏特效应将光能转变为电能的一种技术。太阳能电池经过串联后进行封装保护可形成大面积的光伏电池组件，即所谓的光伏阵列，其再配合功率控制器等部件就形成了光伏发电装置。光伏发电系统示意图如图 8-1 所示。

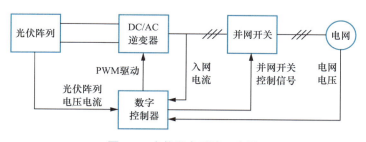

图 8-1　光伏发电系统示意图

光伏电池由半导体材料制成，可以直接将太阳能转化为直流电，其原理是：当太阳光照射到光伏电池上时，太阳光的辐射能被光伏电池吸收并被转移给半导体材料中的电子，这些电子最终形成了回路中的电流，从而完成了太阳能到电能的转换。

光伏逆变器是连接光伏阵列与电网的功率变换的纽带，是光伏并网发电的关键环节。在正常运行时，光伏逆变器基于光伏阵列当前运行工况，自动调节光伏逆变器输出功率，完成光伏阵列的最大功率点追踪过程，实现太阳能的高效利用；在电网发生故障时，光伏逆变器通过并网逆变器的控制实现满足电网运行的技术要求。光伏逆变器的控制及保护包含正常运行与故障穿越运行情况下的有功和无功功率解耦控制，保护系统包含常规的电压保护和频率保护。

8.1.3　风力发电技术

风力发电技术是指将风所蕴含的动能转换成电能的工程技术。典型的风力发电机组主要由风轮（包括叶片、轮毂）、（增速）齿轮箱、发电机、对风装置（偏航系统）、塔架等构成，如图 8-2 所示。其原理是：风以一定的速度和攻角流过桨叶，使风轮获得旋转力矩而转动，风轮通过主轴连接接齿轮箱，经齿轮箱增速后带动发电机发电。

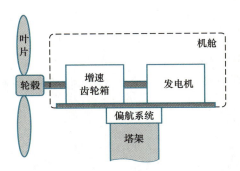

图 8-2　典型风力发电机组结构示意图

主流的风力发电机组主要包括双馈型异步风电机组和直驱型风电机组两种。

1. 双馈型风电机组

双馈型风电机组是基于绕线转子的异步发电机，其转子绕组通过可逆变换器与电网相连，通过控制转子励磁电流的频率实现宽范围变速恒频发电运行，如图 8-3 所示。其工作原理是：转子通入三相低频励磁电流形成低速旋转磁场，该磁场的旋转速度与转子机械转速相叠加，从而在定子绕组中感应出相应于同步转速的工频电压，当发电机转速随风速变化而变化时，调节转子励磁电流的频率即可保持恒频输出电能。

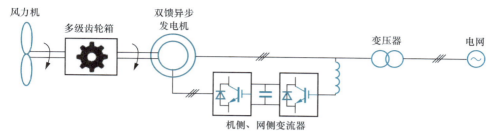

图 8-3　双馈型风电机组示意图

　　双馈型风力发电机组整体包含风力机、传动链、异步发电机、电流器、控制保护系统及外部连接的并网电气设备，其中控制系统又包含浆距角控制系统和变流器控制系统。风力机将捕获的风能转化为机械能，由传动链实现风力机到发电机的能量传递；浆距角控制系统通过控制风力机桨叶角度，改变桨叶相对风速攻角，从而让风力机达到最优捕获风能的效果；变流器控制主要是实现正常运行和故障穿越时有功、无功功率的解耦控制；保护系统包括常规电压、频率保护，以及故障穿越时的 Crowbar（急剧短路）和 Chopper（截波器/限幅器）保护。

2. 直驱型风电机组

　　直驱型风电机组是基于永磁同步发电机，其定子通过 IGBT 的全功率背靠背功率变流器与电网相连，风电机组的全部输出功率均通过该变流器注入电网，如图 8-4 所示。其工作原理是：风力机叶片吸收风能带动发电机转动，发电机将产生的电能经整流和逆变后变换为可并网的电能，最后送入电网。

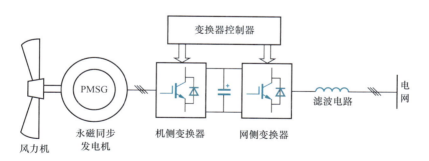

图 8-4　直驱型风电机组示意图

　　直驱型风电机组整体包含风力机、永磁同步发电机、变流器及控制保护系统等。风力机大直径凸极转子直接连接到风机转子上，随着风速变化，风力机及风机机组机械转子与发电机机端电气频率也随之变化。该电气频率与电网频率不一致，通过全功率变流器实现与交流电网同步并网。变流器控制保护功能与双馈型风机类似，也是实现正常和故障穿越情况下的有功、无功功率的解耦控制。

8.2　高比例新能源异步互联电网运行特性

8.2.1　高比例新能源异步互联电网频率稳定特性

异步联网运行的同步系统与原系统相比，系统容量变小，惯量降低，频率稳定问题突出。而随着风、光等新能源大规模并网后，不能提供有效的转动惯量，同时系统中大量具有有效转动惯量的常规机组被替代，导致系统总体惯量下降，系统调频、调压能力降低，一旦发生极端故障，系统的频率波动会更加剧烈，容易发生新能源机组大面积脱网，继而引发大面积停电事故。在实际的异步联网运行电网中，火电机组、水电机组等常规同步机组，加上新能源机组的频率响应特性，以及直流 FLC 的控制特性，共同形成了异步联网电网的频率响应特性。

1. 频率响应动态过程

当电力系统的电源与负荷平衡遭到破坏时，发电机组参与电网调频按时间顺序可分为惯量响应、一次调频响应和二次调频响应，在不同时间尺度上采用不同的方法对功率不平衡量进行调整。电力系统频率响应曲线如图 8-5 所示，系统的频率响应过程可分为三个阶段。

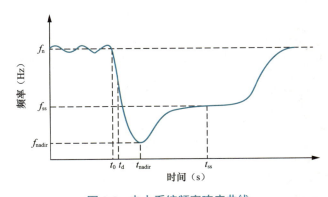

图 8-5　电力系统频率响应曲线

阶段 1：　$t_0 \sim t_{nadir}$ 为系统惯量响应阶段。同步发电机的转子具有转动惯量，在旋转过程中存储动能。当系统出现机械功率与电磁功率不平衡时，同步发电机的转子通过加速或减速将其储存的动能通过功角特性转化为电磁功率（即惯量响应功率）向系统释放或吸收，从而影响发电机的不平衡功率进而影响频率变化。对于单台同步发电机组，在惯量响应过程中由动能转化而来的惯量支撑功率始终等于机械功率与电磁功率的偏差，扰动瞬间其支撑功率为发电机承担的扰动功率。

阶段 2：　$t_d \sim t_{ss}$ 为一次调频响应阶段。在 t_d 时刻，频率偏差超过死区下限，调速器按照整定的功频静态特性发出调节信号，增大原动机阀门开度，增加向系统机械功率的注入，与此同时惯量响应功率随之减小。在频率拐点时刻，不平衡功率降为零，频率停止下降，即到达频率最低点。此后，惯量响应功率由正变负。在一次调频容量充足的前提下，机组持续增加有功输出，转子吸收能量，频率逐渐上升，系统频率在 t_{ss} 时刻达到新的平衡，维持在较低的频率水平，机械功率不再增加。

阶段 3：t_{ss} 后为二次调频响应阶段。由于一次调频为有差调节，若稳态频率偏差过大，则二次调频启动，调频厂增加有功出力，调节频率恢复至额定值。

2. 频率响应指标

与频率稳定相关的指标包括稳态频率偏差、最大频率偏差和频率变化率。

（1）稳态频率偏差是指二次调频动作之前，仅由负荷频率特性、一次调频和直流 FLC 作用下，系统稳态频率与额定频率的偏差。由于 FLC 的非线性特性，云南电网系统频率响应系数呈现出很强的非线性特性，在一定扰动范围内，系统频率将悬浮于 FLC 死区附近。我国允许的稳态频率偏差为 ±0.2Hz，电网正常情况下均能满足。

（2）最大频率偏差是指系统受到功率扰动后，频率变化过程中与额定频率偏差的最大值。最大频率偏差在第一次频率变化率为 0 时达到。最大频率偏差与系统负荷频率特性、系统惯量、一次调频容量和直流 FLC 等因素有关。系统最大频率偏差没有统一的标准，对于异步联网运行的电网，考虑频率变化过程中不触及第三道防线动作门槛值，取一定裕度后，最高频率可取不超过 50.6Hz，最低频率不低于 49.2Hz，也就是说需要控制最大频率偏差在 −0.8 ～ 0.6Hz 之间。

（3）频率变化率是指系统频率上升或下降的速率，系统频率变化率在系统扰动开始时刻最大，在系统扰动初期，受死区限制，同步机调速器和直流FLC均未动作，系统频率响应仅由式（8-1）决定

$$\Delta\omega(s) = \frac{1}{1-\gamma}\frac{1}{T_{\mathrm{J}}s+D}\Delta P_{\mathrm{L}}(s) \tag{8-1}$$

系统频率变化率为$\frac{\mathrm{d}\Delta\omega}{\mathrm{d}t}=s\Delta\omega$。假设扰动为阶跃扰动$\Delta P_{\mathrm{L}}(s)=\Delta P_{\mathrm{L}}/s$，$\Delta P_{\mathrm{L}}$为扰动幅值。那么系统最大频率变化率为

$$\left.\frac{\mathrm{d}\Delta\omega}{\mathrm{d}t}\right|_{\max} = \lim_{s\to\infty}s\Delta\omega = \frac{\Delta P_{\mathrm{L}}}{(1-\gamma)T_{\mathrm{J}}} \tag{8-2}$$

由式（8-2）可以看出，系统频率变化率最大值仅由扰动幅值ΔP_{L}、新能源出力占比γ以及系统等效惯性时间常数T_{J}决定。扰动幅值ΔP_{L}、新能源出力占比γ越大，频率变化率越大；系统等效惯性时间常数T_{J}越大，频率变化率越小。

目前国内对频率变化率没有统一的标准，频率变化率对新能源等相关设备的危害及影响也尚未明确，相关学者推荐最大频率变化率限值取为0.5Hz/s。但是，随着单机容量和单一直流功率不断增大，频率变化率限值取为0.5Hz/s，将会限制系统运行的灵活性，降低系统效率，频率变化率限值应该如何选取，需要进一步研究。

3．新能源出力占比对最大频率偏差的影响

系统最大频率偏差与故障功率偏差、FLC下调容量和新能源出力占比有关。对一个异步联网运行系统模拟发生5%功率缺额，新能源出力占比在46%～58%之间时，系统最大频率偏差见表8-1，对应曲线如图8-6所示。可以看出，由于直流FLC的快速调节特性，其对抑制最大频率偏差的作用十分有效。新能源出力占比达到58%时，最大频率偏差仅为−0.319Hz，满足控制要求。提高FLC上下调备用容量能减小系统最大频率偏差，提高新能源承载能力。

表 8-1　　　　　不同新能源占比下系统最大频率偏差　　　　　（Hz）

新能源出力占比（%）	功率过剩最大频率偏差	功率欠缺最大频率偏差
46	0.268	−0.301
50	0.272	−0.306

续表

新能源出力占比（%）	功率过剩最大频率偏差	功率欠缺最大频率偏差
54	0.276	−0.313
58	0.281	−0.319

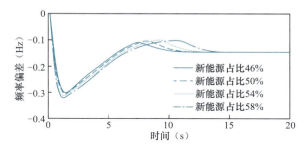

图 8-6　不同新能源占比下频率偏差曲线

4. 新能源出力占比对频率变化率的影响

频率变化率最大值取为 0.5Hz/s 时，根据式（8-2）可计算出新能源出力最大占比为 44% 时，频率变化率是限制云南电网新能源承载能力的最大约束。新能源出力占比 40% ～ 46% 时，频率变化率曲线如图 8-7 所示。可以看出，频率变化率仅由系统等效惯性时间常数和功率扰动量决定，随着新能源出力占比不断提高，系统等效惯性时间常数逐渐降低，频率变化率不断增加。

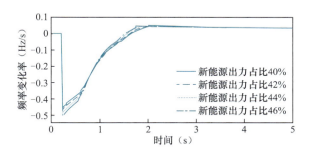

图 8-7　不同新能源占比下频率变化率曲线

8.2.2　高比例新能源异步互联电网功角稳定特性

异步互联电网在暂态过程中，表征系统的各种电磁参数都会发生急剧变化，使发电机的电磁功率和机械功率之间失去平衡。接入新能源机组后，虽然新能源本身不存在功角稳定问题，但是会改变系统的电磁暂态过程，从而影响发电机转子运动暂态过程。

1. 新能源接入的系统功角稳定特性分析

新能源高占比系统的功角稳定包括暂态功角稳定（第一摆 / 第二摆功角发散）和动态功角稳定（弱阻尼）。直流近区交流线路重载时，发生直流故障或交流故障扰动后，电力系统会发生暂态失稳或弱阻尼振荡，直驱风机、双馈风机、光伏系统中低电压穿越后有功恢复速率参数会影响故障后直流近区交流线路上的潮流，从而会影响系统的暂态 / 动态稳定性。其本质是电网扰动后交流电网断面潮流超过稳定极限导致，特别对于潮流较重线路或本身网架薄弱点，更容易由于交直流故障导致功角失稳。

根据传统电力系统动态分析，新能源接入前多机系统的转子运动方程为

$$M_P \Delta \delta_{SR} = (P_m - P_e) - P_{max} \sin(\delta_{SR} + \gamma) \tag{8-3}$$

新能源机群接入系统后，根据节点导纳矩阵，得到计及新能源影响的转子运动方程为

$$M_P \Delta \delta_{SR} = (P_m - P_e - \Delta P_e) - P_{max} \sin(\delta_{SR} + \gamma) \tag{8-4}$$

$$\Delta P_e = \frac{M_R}{M_S + M_R} \sum_{i \in s} \sum_{k \in s} E_i E_k G_{ik} \tag{8-5}$$

式中　　M_P、M_S、M_R——系统、S 机群和 R 机群的转动惯量系数；

$\quad\quad\quad\quad \delta_{SR}$——S 机群与 R 机群相对功角；

$\quad\quad\quad\quad P_m$、P_e——系统机械、电磁功率；

$\quad\quad\quad\quad P_{max}$——系统电磁传输功率的最大值；

$\quad\quad\quad\quad \gamma$——功率角；

$\quad\quad\quad\quad E_i$、E_k——节点 i、k 的电压；

$\quad\quad\quad\quad G_{ik}$——节点 i、k 的互导。

可以看出，式（8-4）和式（8-5）是通过将暂态过程中新能源机组外特性对系统同步机电气联系的影响，折算到等值系统的机械功率上，从而实现对新能源系统的功角稳定分析。

2. 影响新能源接入的系统功角稳定主要因素

考虑新能源接入后，影响交流电网暂态 / 动态功角稳定的主要因素有交流网架结构、新能源机组参数、关键断面潮流以及直流输送功率等。

　　提高直流功率可能使某些线路潮流加重，也可能使某些线路潮流减轻，因而提高直流功率对系统功角稳定的影响具有不确定性，跟直流近区交流线路的网架结构、初始潮流分布有关。典型新能源与配套电源联合送出供电示意图如图 8-8 所示，在该异步互联电网内部，新能源与常规电源打捆通过直流和交流通道送出。

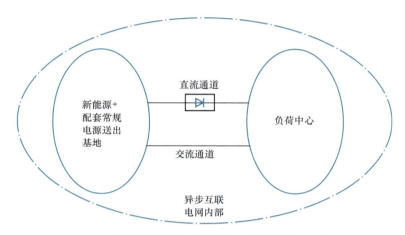

图 8-8　典型新能源与配套电源联合送出供电示意图

　　新能源通过链式结构的交流网架送出时容易出现功角稳定问题。在这种网架结构中，新能源接入量越多、故障期间新能源有功恢复速度越快，链式结构末端的潮流越重，在交直流故障后越容易出现功角稳定问题。如图 8-8 所示的电网，直流功率越大，直流故障后越容易发生功角稳定问题；交流线路潮流越重，交流故障后系统越容易发生功角稳定问题。新能源控制参数中的穿越后有功功率恢复速度会在穿越后恢复过程中影响交流断面的潮流，有功恢复越快，交流断面潮流增加得越快，在线路本身潮流较重的情况下，越容易出现功角稳定问题。

8.2.3　高比例新能源异步互联电网电压稳定特性

　　相对于异步互联电网的送端电网，在新能源集中的受端电网，交直流系统故障更容易引起电压崩溃问题。随着新能源装机快速增长、交直流受电功率持续增大，电网内水、火电等常规机组开机空间被严重挤压，系统短路电流及无功电压支撑能力不足，当系统发生故障时，存在引发电网内电压失稳风险。

1. 高比例新能源系统的静态电压稳定裕度指标

考虑高比例新能源系统无功电压控制的时间常数较长且风速的变化速度较快，其无功电压控制应当尽量提高当前运行点到电压崩溃点的距离，从而确保充足的静态电压稳定裕度。由于电压失稳通常是从网络中的一个或几个节点开始逐步蔓延到整个网络，因此为提高系统的静态电压稳定裕度，应从整个系统进行电压稳定性评估。基于一般潮流解的局部电压稳定指标 (L 指标)，引入的高比例新能源系统静态电压稳定裕度指标L_{ST}为

$$L_{ST} = \sum_{i=1}^{i \in N} L_i^2 \tag{8-6}$$

式中　N——新能源接入节点以及负荷节点；

　　　L_i——节点 i 的局部电压稳定指标。

2. 影响高比例新能源系统电压稳定的主要因素

随着新能源渗透率的提高，电压稳定裕度随之下降，常规机组开机越少，电压支撑越弱，电压稳定问题越突出。新能源出力一定方式下，受电功率越大，电压问题越突出；受电功率一定方式下，新能源出力越大，电压稳定问题更突出。

典型高比例新能源受端电网接线示意图如图 8-9 所示，随着新能源大规模接入、直流大容量馈入后，常规机组的开机空间受到严重挤压，导致系统转动惯量下降、电压支撑不足。为了确保电网稳定运行，避免故障后电网电压崩溃，需控制该电网馈入功率，明确常规机组开机容量与直流受电能力的关联关系。

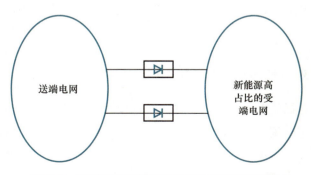

图 8-9　典型高比例新能源受端电网接线示意图

8.3　面 临 的 挑 战

异步互联电网由于其同步电网规模减小，未来新型电力系统中新能源大规模接入，其发电随机性、波动性、间歇性，以及新能源机组的弱支撑、低抗扰性对于电力系统供需平衡、仿真建模、安全稳定分析等方面的影响日益显著，异步互联电网的安全稳定运行面临巨大挑战。

挑战一：友好型电网及新能源主动支撑技术

电网结构应适应新能源出力随机波动特性，在系统潮流大范围变化甚至反转时仍保持安全稳定，新能源送出电网、骨干电网、配电网应根据多类型能源的时空分布特性，选择合适的交直流构网型式与结构形态。接入电网新能源占比越来越高后，需要承担系统的调峰、调频、调压甚至黑启动等基本需求，具备主动支撑系统频率、电压，改善系统稳定的基本功能，应根据系统安全稳定运行的需要进行参数优化。

挑战二：高精度供需预测及电力电量平衡新技术

电源端新能源点多面广，区域资源禀赋差异大，地形地貌复杂，受跨区气候特征影响明显，新能源不同时间尺度精确预测难度大；负荷端随着能源消费结构与产业结构调整，呈现多类型多元化特点，特别是分布式能源大量接入，传统负荷向生产与消费兼具转变，导致负荷特性和分布规律更难掌握。新能源的间歇性、波动性使得异步联网系统的电力电量平衡困难，调峰和保供压力大，新能源消纳率、调峰缺额、新能源电量占比等一系列指标高度关联，准确获取上述指标需要对系统长时间运行周期进行详细模拟分析，亟需开发源荷储一体化长周期随机生产模拟工具。

挑战三：大规模新能源发电精确建模及全电磁暂态仿真技术

新能源发电单元数量多、控制环节复杂、运行工况多变，为同时解决电网仿真面临的精度和效率问题，电网系统仿真分析时应该以场站为单位，进行并网特性的要求及仿真模型的构建。然而，现有新能源场站模型更多是发电单元的简单叠加，难以准确模拟故障扰动后其动态特性，亟需开发满足电网仿真需求的新能源场站级聚合等值方法。传统机电暂态仿真难以精确模拟新型电力系统中海量电力电子设备的微秒级动态过程，影响系统仿真准确性。然而，系统级分析中应用电磁暂态仿真，计算复杂度提高，面临仿真规模受限、效率低下、稳态调试困难等问题，亟需提升全电磁暂态仿真技术水平。

挑战四：新型安全稳定分析理论及方法

大规模电力电子设备接入改变了传统电网的构成基础，新型电力系统的安全稳定特性由机电过程主导，转变为电磁-机电耦合，支撑电网可靠运行的基础条件逐步恶化，动态调节能力被严重削弱。新型电力系统功角稳定特性更加复杂，与新能源类型、接入位置、控制参数等密切相关；随着异步联网系统新能源渗透率逐渐提升，同步发电机开机规模减小，系统惯量呈下降趋势，系统频率稳定恶化，抵御故障能力下降；新能源接入在较远地区或较低等级电网，与主网电气距离远，电压稳定问题突出；此外，新型宽频振荡成为一种机理复杂的新稳定形态，系统谐波也持续威胁电网和设备安全，传统衡量量化电网运行稳定性的评价指标难以适应，需突破受电力电子设备多时间尺度动态过程制约的电网安全稳定分析理论及方法。

挑战五：新型电力系统安全稳定防控技术

新能源高渗透率运行，带来系统稳定特性恶化，直流闭锁故障面临稳控切负荷和常规机组一次调频备用不足问题；自动发电控制对象从传统机组扩大到源网荷储多类型发电单元，控制策略需兼顾电网安全和新能源消纳等多元目标，从传统的"响应频率和联络线偏差"的被动控制策略发展为超前、预防、校正、协同、优化的主动控制策略；新能源汇集区域有功间歇变化和市场环境下电网运行方式不确定，导致电压控制面临巨大挑战；高比例新能源电网短路电流特性显著变化，故障后电气量幅值、相位、频率等特征与常规电网差异巨大，传统保护依据发生了本质变化；电力电子设备的弱支撑性及低抗扰性导致新型电力系统故障响应过程不确定性更高，对电网冲击更大，极易引发连锁反应，运行方式复杂多变导致可能发生的故障组合及控制失配风险显著增加，故障防御更加困难，需发展适应新型电力系统的安全稳定防控技术。

总结与展望

　　大电网互联方式从最初的交流联网过渡到交直流混联，导致系统强直弱交特征愈发凸显，大电网面临热稳定、动稳定、功角稳定、电压稳定和频率稳定等一系列致命的安全稳定风险。随着直流输电技术的进一步成熟，通过大规模直流联网的方式，把大电网切割成多个规模较小的电网，逐步形成多个异步互联运行电网的格局，全网性的系统性风险大大降低。

　　但是对于各异步互联运行的电网来说，由于其同步系统规模远小于异步联网前的大电网，抵御故障扰动的能力明显降低，特别是随着新型电力系统的建设，风、光等新能源馈入率定会不断提升，大量电力电子设备接入电网，深刻改变着电网运行特性，谐波超标、宽频振荡等新问题严重威胁着异步互联电网安全稳定运行。为应对这些问题和风险，可从下面几个方向开展研究：

　　一是基于数据驱动的系统分析理论和技术。高比例可再生能源和电力电子设备使电力系统呈现不确定性、控制复杂、弱惯性、分散化等特征，传统基于物理模型的系统分析理论及控制技术面对新型电力系统困难重重。因此，有必要利用人工智能技术，形成模型 - 数据双驱动，实现系统分析理论和技术的突破。

　　二是 100% 新能源系统的稳定运行关键技术。部分异步互联电网风 / 光资源丰富，常规水火电源支撑严重不足，甚至无常规电源支撑，电网同步稳定的基本理论需要重新建立，并研究系统稳定运行关键技术。

　　三是多分区直流互联系统频率协调控制。通过充分挖掘利用异步互联送 / 受分区间的资源优化配置，研究送端 / 受端不同电源结构异步电网的频率安全机理，实现多分区异步互联电力系统的频率安全约束风险调度技术。

　　四是新型电力电子装备。以保障和提升电网稳定运行水平为目标，从电源和直流器件、拓扑、材料等多个角度，设计制造适应电网稳定机制、具备较强耐受性和经济性的新型电力电子装备，支撑系统可靠运行。

参 考 文 献

[1] A. Yazdani, R. Iravani. Voltage-Sourced Converters in Power Systems. Hoboken[M]. NJ, USA: Wiley, 2010.

[2] T. Van Cutsem, C. Vournas. Voltage Stability Electric Power System. Norwell[M]. MA: Kluwer, 1998.

[3] C. Barbier, J.P. Barret. Analysis of Phenomena of Voltage Collapse on a Transmission System[J]. Revue Generale d' Electricity, 1980(Oct):672-690.

[4] Christensen J F, Gainger A W, Santagostino G, et al. Planning Against Voltage Collapse[R]. 1987.

[5] Condordia C. Voltage stability of power systems: concepts. analytical tools and industry experience[J]. IEEE Technical Report 90YH0358-2-PWR, IEEE/PES, 1990.

[6] Popovic D H, Hiskens I A, Hill D J. Stability analysis of induction motor networks[J]. International Journal of Electrical Power & Energy Systems, 1998, 20(7):475-487.

[7] Cutsem T V, Mailhot R. Validation of a fast voltage stability analysis method on the Hydro-Quebec system[J]. IEEE Transactions on Power Systems, 1997, 12(1):282-292.

[8] C.Vournas, N. Tagkoulis. Investigation of synchronous generator underexcited operation in isolated systems[C]//Proc. 13th Int. Conf. Elect. Mach., Alexandroupoli, Greece, 2018: 270-276.

[9] CIGRE Task Force 38.02.14 Rep. Analysis and Modeling Needs of Power Systems Under Major Frequency Disturbances, Jan. 1999.

[10] P. Kundur, D. C. Lee, J. P. Bayne, P. L. Dandeno. Impact of turbine generator controls on unit performance under system disturbance conditions[J]. IEEE Transactions on Power Apparatus and Systems, 1985, PAS-104:1262-1267.

[11] Chou, Q. B, Kundur, et al. Improving nuclear generating station response for electrical grid islanding[J]. IEEE Transactions on Energy Conversion, 1989, EC-4: 406-413.

[12] Kundur P. A Survey of Utility Experiences with Power Plant Response During Partial Load Rejection and System Disturbances[J]. IEEE Transactions on Power Apparatus and Systems, 1981, PAS-100(6):2471-2475.

[13] N. Hatziargyriou, E. Karapidakis, D. Hatzifotis. Frequency stability of power system in large islands with high wind power penetration[J]. Bulk Power Syst. Dynamics Control Symp.-IV Restructuring, 1998, PAS-102: 24-28, 1998.

[14] IEEE Committee Report. Guidelines for enhancing power plant response to partial load rejections[R]. IEEE Trans. Power Apparatus and Systems, 1983, PAS-102:1501-1504.

[15] 严亚兵，苗淼，李胜，等 . 静止坐标系下变换器电流平衡 – 内电势运动模型：一种装备电流控制尺度物理化建模方法 [J]. 中国电机工程学报，2017，37(14): 3963-3972+4274.

[16] H. Pico, B. Johnson. Transient stability assessment of multi-machine multi-converter power systems[J]. IEEE Transactions on Power Systems, 2019, 34(5): 3504-3514.

[17] E. Ebrahimzadeh, F. Blaabjerg, X. Wang, C. L. Bak. Harmonic stability and resonance analysis in large PMSG-based wind power plants[J], IEEE Trans. Sustain. Energy, 2018, 9(1):12-23.

[18] X. Wang, F. Blaabjerg, W. Wu. Modeling and analysis of harmonic stability in an ac power-electronic-based power system [J]. IEEE Trans. Power Electron., 2014, 29(12):6421–6432.

[19] J. He, Y. W. Li, D. Bosnjak, B. Harris. Investigation and active damping of multiple resonances in a parallel-inverter-based microgrid[J], IEEE Trans. Power Electron, 2013, 28(1):234-246.

[20] C. Yoon, H. Bai, R. N. Beres, X. Wang, C. L. Bak, F. Blaabjerg. Harmonic stability assessment for multiparalleled, grid-connected inverters[J], IEEE Trans. Sustain. Energy, 2016, 7(4):1388-1397.

[21] MARKOVIC U, STANOJEV O, ARISTIDOU P, et al. Understanding Small-Signal Stability of Low-Inertia Systems [J]. Ieee T Power Syst, 2021, 36(5): 3997-4017.

[22] SUN J. Impedance-Based Stability Criterion for Grid-Connected Inverters [J]. IEEE Transactions on Power Electronics, 2011, 26(11): 3075-3078.

[23] EEE subsynchronous resonance working group of the system dynamic performance subcommitte power system engineering committe, Terms, definitions and symbols for subsynchronous oscillations[R]. IEEE Trans. Power Appar. Syst.,1985, PAS-104(6):1326-1334.

[24] P. Pourbeik, R. J. Koessler, D. L. Dickmander, W. Wong. Integration of large wind farms into utility grids (part 2 - performance issues)[C]. IEEE Power Engineering Society General Meeting, 2003, Toronto, Ont., Canada.

[25] Y. Cheng, M. Sahni, D. Muthumuni, B. Badrzadeh. Reactance scan crossoverbased approach for investigating SSCI concerns for DFIG-based wind turbines[J]. IEEE Trans. Power Deliv., 2003, 28(2):742-751.

[26] J. D. Ainsworth. Harmonic instability between controlled static converters and a.c. networks[J]. Proc. Inst. Elect. Eng., 1967, 114:949-957.

[27] WANG X F, BLAABJERG F. Harmonic Stability in Power Electronic-Based Power Systems: Concept, Modeling, and Analysis [J]. Ieee T Smart Grid, 2019, 10(3): 2858-2870.

[28] 贾广东 . 基于 RTLAB 的多能互补微网构建及运行控制研究 [D]. 沈阳工业大学，2019.

[29] 倪以信，陈寿孙，张宝霖 . 动态电力系统的理论和分析 [M]. 北京：清华大学出版社，2002.

[30] Kundur P S, Malik O P. Power system stability and control[M]. McGraw-Hill Education，2022.

[31] 廖梦君，郭琦，李鹏，李书勇，朱益华，杜威. 基于 RTDS 的云南电网与南方电网主网异步联网运行控制特性分析 [J]. 南方电网技术，2016，10(7):40-44.DOI:10.13648/j.cnki.issn1674-0629.2016.07.008.

[32] 黄越辉，王伟胜，董存，等. 新能源发电调度运行管理技术 [M]. 北京：中国电力出版社，2019.

[33] 王黎. 新能源发电技术与应用研究 [M]. 北京：中国水利水电出版，2018.

[34] 李明杰，董昱，许涛，等. 新能源仿真建模与安全稳定计算 [M]. 北京：中国电力出版社，2021.

[35] 杨硕，王伟胜，刘纯，等. 改善风电汇集系统静态电压稳定性的无功电压协调控制策略 [J]. 电网技术，2014，38（5）：1250-1256.

[36] 陈刚，丁理杰，李旻，等. 异步联网后西南电网安全稳定特性分析 [J]. 电力系统保护与控制，2018，46（7）：76-82.

[37] 朱灵子，翟勇，马覃峰，等. 新能源电力系统功角稳定分布式决策控制模型 [J]. 可再生能源，2022，40（4）：536-542.

[38] 毛安家，马静，蒯圣宇，等. 高比例新能源替代常规电源后系统暂态稳定与电压稳定的演化机理 [J]. 中国电机工程学报，2020，40（9）：2745-2755.

[39] 屠竞哲，张健，王建明，等. 大规模直流异步互联系统受端故障引发送端稳定破坏的机理分析 [J]. 中国电机工程学报，2015，35（21）：5492-5499.

[40] 蔡葆锐，曾丕江，何金定，等. 考虑频率安全约束的云南电网新能源运行边界研究 [J]. 云南电力技术，2021，49（5）：17-22.